EDA 工程与应用丛书

PADS 9.5 电路板设计与应用

郝　勇　黄志刚　等编著

机 械 工 业 出 版 社

全书以 PADS 9.5 为平台，介绍了电路设计的方法和技巧。全书共分 9 章，第 1 章为 PADS 9.5 概述；第 2 章介绍 PADS 9.5 的原理图基础；第 3 章介绍 PADS 9.5 原理图库设计；第 4 章介绍 PADS 9.5 原理图的绘制；第 5 章介绍原理图的后续操作；第 6 章介绍 PADS 印制电路板设计；第 7 章介绍封装库设计；第 8 章介绍电路板布线；第 9 章介绍电路板后期操作；第 10 章介绍单片机实验板电路设计实例。

本书随书配送多媒体教学光盘，其中包含全书实例操作过程录像的 AVI 文件和实例源文件，读者可以通过多媒体光盘方便直观地学习本书内容。

本书既可以作为大中专院校电子相关专业课程的教学教材，也可以作为各种培训机构的培训教材，同时还适合作为电子设计爱好者的自学辅导书。

图书在版编目（CIP）数据

PADS 9.5 电路板设计与应用/郝勇等编著 . —北京：机械工业出版社，2016.4
（2022.7 重印）
（EDA 工程与应用丛书）
ISBN 978-7-111-53733-5

Ⅰ . ①P… Ⅱ . ①郝… Ⅲ . ①印刷电路-计算机辅助设计-应用软件 Ⅳ . ①TN410. 2

中国版本图书馆 CIP 数据核字（2016）第 099448 号

机械工业出版社（北京市百万庄大街 22 号 邮政编码 100037）
策划编辑：尚　晨　　责任编辑：尚　晨
责任校对：张艳霞　　责任印制：郜　敏
北京雁林吉兆印刷有限公司印刷

2022 年 7 月第 1 版·第 4 次印刷
184mm×260mm·23. 5 印张·580 千字
标准书号：ISBN 978-7-111-53733-5
　　　　　ISBN 978-7-89386-031-7（光盘）
定价：99. 00 元（含 1CD）

电话服务　　　　　　　　　　网络服务
客服电话：010-88361066　　机 工 官 网：www.cmpbook.com
　　　　　010-88379833　　机 工 官 博：weibo.com/cmp1952
　　　　　010-68326294　　金 书 网：www.golden-book.com
封底无防伪标均为盗版　　机工教育服务网：www.cmpedu.com

前　言

自 20 世纪 80 年代中期以来，计算机应用进入各个领域并发挥着越来越大的作用。EDA 技术是现代电子工业中不可缺少的一项技术，其发展和推广极大地推动了电子工业的发展。电路及 PCB 设计是 EDA 技术中的一项重要内容，PADS 是其中比较优秀的一款软件，在国内流行最早、应用面最宽。2012 年，美国 Mentor Graphics 公司推出了 PADS 软件的最新版本 PADS 9.5，该软件是基于 PC 平台开发的，完全符合 Windows 操作习惯，它具有高效率的布局、布线功能，是解决电路中复杂的高速、高密度互连问题的理想平台。

PADS 9.5 较先前版本功能更加强大，它是桌面环境下以设计管理和协作技术（PDM）为核心的一款优秀的印制电路板设计系统软件。

本书介绍的电路设计系统主要包括 4 个方面：

1. 原理图设计

PADS Logic 主要用来进行原理图的绘制，产生 PCB 设计所需的网络表文件，该文件是连接原理图与电路板设计的枢纽，至关重要。

2. PCB 元件库编辑

再强大的元件库也无法满足所有电路图的需求，创建自定义的元件库成为迫切的要求。工欲善其事，必先利其器。元件库的编辑不是最终目的，最终目的是为电路图的完整绘制、电路板的快速设计提供坚实的基础。

3. PCB 设计

电路板的创建、元件的导入、布局、布线，该部分完整地展示了电路板的设计，万变不离其宗，电路板的设计与电路图的设计有异有同，读者在求同的过程中应不忘存异，时刻联系原理图，更新相互信息，从而顺利地完成电路板的设计。

4. 报表生成

电路板的设计完成并不代表结束，电路板不是真实的"板"，而是真实"板"的替代品，设计完成后，需要对设计进行验证，检查电路板设计是否符合要求，若不符合，则需要进行不断地修改，以得到最终正确的"板"，从而减少实际加工中的资源浪费。

上述几个方面的操作既相互独立又互有联系，独立操作时互不干扰，相互联系时又一脉传承。本书主要介绍 PADS 9.5 概述、原理图基础、原理图库设计、原理图的绘制、原理图的后续操作、PADS 印制电路板设计、封装库设计、电路板布线、电路板后期操作、单片机实验板电路设计实例等内容。

为了保证读者能够从零开始进行学习，本书对基础概念的讲解比较全面，在编写过程中由浅入深，所选的实例具有典型性、代表性。在讲解的过程中，编者根据自己多年的经验及教学心得，给出了总结和相关提示，以帮助读者快速地掌握所学知识。全书内容讲解翔实，图文并茂，思路清晰。

为了开阔读者的视野，促进读者的学习，本书的随书光盘包含了全书所有实例的源文件和操作过程录像，总时长达 300 min。

本书由华东交通大学的郝勇和黄志刚主编，华东交通大学的许玢、沈晓玲、涂嘉、槐创锋、林凤涛、钟礼东、朱爱华、周生通、李津、贾雪艳、肖毅华老师参与了部分章节的编写。其中郝勇执笔编写了第 1～3 章，黄志刚执笔编写了第 4～5 章，许玢执笔编写了第 6 章，沈晓玲执笔编写了第 7 章，涂嘉执笔编写了第 8 章，槐创锋、林凤涛、钟礼东、朱爱华执笔编写了第 9 章，周生通、李津、贾雪艳、肖毅华执笔编写了第 10 章。王敏也为本书的出版提供了大量帮助，在此一并表示感谢。

本书虽经作者几易其稿，但由于时间仓促加之水平有限，书中不足之处在所难免，望广大读者登录 www. sjzswsw. com 或联系 win760520@ 126. com 批评指正，作者将不胜感激，同时欢迎加入三维书屋图书学习交流群（QQ：379090620）交流探讨。

编 者

目　　录

第1章 PADS 9.5 概述

本章主要介绍 PADS 9.5 的基本概念及特点，包括 PCB 设计的一般原则、基本步骤、标准规范等，介绍其发展过程及新特点。

PADS 9.5 是一款非常优秀的 PCB 设计软件，它具有完整且强大的 PCB 绘制工具，界面和操作十分简洁，希望本书可以帮助用户更加熟练地使用 PADS 9.5 软件。

 知识点

- PADS 9.5 简介
- PADS 9.5 的运行条件
- PADS 9.5 的安装步骤详解
- PADS 9.5 的集成开发环境

1.1 PADS 9.5 简介

PADS（Personal Automated Design System）是以 PCB 为主导的产品。PADS 系列软件最初由 PADS Software Inc. 公司推出，后来几经易手，从 Innoveda 公司到现在的 Mentor Graphics 公司，目前已经成为 Mentor Graphics 公司旗下最优秀的电路设计与制板工具之一。

1.1.1 PADS 的发展

PADS 目前是国内从事电路设计的工程师和技术人员主要使用的电路设计软件之一，也是 PCB 设计高端用户最常用的工具软件之一。按时间先后排序如下：

Power PCB 2005→Power Pcb 2007→PADS 9.0→PADS 9.1→PADS 9.1→PADS 9.3→PADS 9.4→PADS 9.5。

PADS Layout/Router 环境作为业界主流的 PCB 设计平台，以其强大的交互式布局布线功能和易学易用等特点，在通信、半导体、电子消费、电子医疗等当前最活跃的工业领域都得到了广泛的应用。PADS Layout/Router 支持完整的 PCB 设计流程，涵盖了从原理图网表导入，规则驱动下的交互式布局布线，DRC/DFT/DFM 校验与分析，直到最后的生产文件（Gerber）、装配文件及物料清单（BOM）输出等全方位的功能需求，确保 PCB 工程师能高效率地完成设计任务。

目前，PADS 系列软件最新版本为 PADS 9.5，发布于 2012 年 10 月 18 日，主要包括 PADS Logic 9.5、PADS Layout 9.5 和 PADS Router 9.5。

PADS Logic 是一个功能强大、多页的原理图设计输入工具，为 PADS Layout 9.5 提供了高效、简单的设计环境。PAD Layout/Router 是复杂的、高速印制电路板的最终选择的设计环境。它是一个强有力的基于形状化、规则驱动的布局布线设计解决方案，采用自动和交互式的布线方法以及先进的目标链接与嵌入自动化功能，有机地集成了前后端的设计工具，包括最终的测试、准备和生产制造过程。PAD Layout 支持 Microsoft 标准的编程界面，结合了自动化的方式，采用了一个 Visual Basic 程序和目标链接与嵌入功能。这些标准的接口界面使得与其他基于 Windows 的补充设计工具链接更加方便有效。它还能够很容易地个性化定制用户需要的设计工具和过程。

1.1.2　PADS 9.5 的新特性

为了满足高级的自动布线和交互式的高速布线工具市场需求，Innoveda 公司于 2012 年 10 月推出了最新的 PADS Logic 9.5、PADS Layout 9.5 和 PADS Router 9.5，这是 Innoveda 公司基于最新的 Latium 结构的快速交互式布线编辑器。下面将对 PADS 9.5 设计系统的主要新功能做一些简要介绍。

1. 用户定制的图形用户界面（GUI）

PADS Logic 为设计者提供了更多的基于 Latium 结构的图形用户界面，包括用户定制工具栏、快捷键、菜单以及中文菜单，使设计者能够更好地对设计环境进行控制，让工作更加有效。

2. PADS Router

PADS Router 是一个强有力的、全新的高速电路自动布线工具。PADS Router 提供了自动化的批处理方式来进行差分对的布线和长度控制布线，包括最短长度、最长长度和长度匹配。约束规则可以定义在设计规则的任何层次上，自动布线器将完成设计者定义的这些约束。网络的拓扑结构能够被设置和保护，以确保关键的网络信号能够以期望的顺序和路径连接。引脚数量非常多和引脚非常细的器件在 PADS Router 中能够非常容易地进行自动布线，以保持元件的安全间距和布线规则。当建议的元件规则不能布通时，将自动采用这些安全间距和导线宽度规则。

PADS Router 主要的功能特点如下：
- 采用高速电路网络的自动布线，减少了布线所需的时间。
- 提供了完整的自动设计，避免手工布线可能出现的错误。
- 采用了自动和易于使用的工具，提供了更好的布线控制能力。
- 采用 Latium 技术，具有非常好的性能。
- 具有网络拓扑结构的设置和保护。
- 减少了完成设计的时间，具有更少的冲突。
- 确保所有的高速电路约束都能够满足。
- 确保具有在更高设计密度下的布通率。

3. 设计验证

PADS Layout/Router 9.5 提供了许多新的规则，且能够自动布线。这些规则包括最小/最大长度、差分对元件安全间距和布线规则、网络连接顺序。新的验证工具允许以批处理方式检查这些规则，使得设计者的设计能够满足所有的约束规则。

4. 高级封装工具集

PADS Layout 9.5 可以使用高级的封装工具集（Advanced Packaging Toolkit），以前仅在 PAD SBGA 中才有效，PADS Layout 的用户现在通过使用其提供的高级功能模块，包括芯片、

Die Flag（焊盘模具）和布线向导，可以设计含有独立芯片的元件，作为一个或一些芯片模块和板上系统。

高级封装工具集的主要功能如下：

- 作为独立芯片元件的衬底设计选件。
- 单芯片封装。
- 多芯片封装。
- 板上系统。
- 建立芯片模块。
- Wire Bond 布局。
- 自动的 Trave Routing 功能。
- Die Flag（焊盘模具）和 Power Rings（电源环）。

5. PADS 9.5 的新特点及功能扩展

（1）新增接口

PADS 9.5 提供了与其他 PCB 设计软件、CAM 加工软件和机械设计软件连接的接口，方便了不同设计环境下的数据转换和传递工作，具体接口介绍如下。

- 兼容 Protel 设计：PADS Layout 9.5 具备 Protel 设计转换器，可与 Protel 进行 PCB 设计和封装库的双向数据转换。
- 支持 OrCAD 原理图网表：PAD Layout 9.5 可导入 OrCAD 原理图网表，在 PCB 设计过程中可与 OrCAD 原理图进行正反标注和交互定位。
- 兼容 Expedition 与 BoardStation 设计：PAD Layout 9.5 具备与 Expedition 的双向接口，可以直接读取或保存为 Expedition 格式的 HKP 文件和 BoardStation（prt/cmp/net/wir/tra/tch）文件。
- 提供与 Cadence Spacctra PCB 布线器的接口：PAD Layout 9.5 具备 Spacctra Link 模块，可将当前设计文件导出至 Cadence Spacctra PCB 布线器中。
- 提供 CAM 350 接口：PAD Layout（PowerPCB）集成了 CAM 加工软件的接口，可以直接启动 CAM 350，将当前设计生成光绘和钻孔数据传至 CAM 350 中进行处理。
- 提供 AutoCAD 接口：PAD Layout 9.5 支持 AutoCAD 的 DXF 文件格式，可以将导入 AutoCAD 环境下的机械框图作为设计边框，也可以将 PCB 设计导出至 AutoCAD 中进行标注处理等。
- 提供 Pro/E 接口：PAD Layout 9.5 支持 Pro/E 格式的双向接口。

（2）PADS 9.5 新增的功能

- Shell：软件基本操作环境（图形界面），支持不超过设计规模的复杂 PCB 设计。
- PCB Editor：基本 PCB 设计模块，包括手工布局布线、设计规则校验（DRC）、手工敷铜、工程修改命令（ECO）、焊盘及过孔库编辑、Gerber 数据输出等功能。
- Library Module：元器件库管理模块，支持对库文件的添加、删除，以及对库中元器件封装符号的添加、删除、编辑等操作，支持从 PCB 文件创建库文件。
- DXF Link：DXF 格式文件的双向转换接口可以导入到 AutoCAD 等机械软件中以绘制的 PCB 板框，也可将当前 PCB 设计导出为 DXF 格式的数据。
- CCT Link：与 Cadence Specctra PCB 布线器进行数据转换的接口。

- On – Line Design Rule Checking（On – Line DRC）：实时设计规则检验模块，可以对设计者的操作进行实时监控，及时阻止可能违背线长、限宽、间距等设计规则的操作。设计者可以根据需要启动/终止 On – Line DRC。
- Auto Dimensioning：自动尺寸标注模块，提供符合国际标准的自动尺寸标注功能，标注内容可以为元器件或 PCB 板框等设计内容的长度、半径、角度等参数。
- Split Planes：电源层网络定义与分割模块，该模块提供根据 PCB 板框创建敷铜边框、敷铜边框定义、电源分割等功能，并支持电源网络嵌套。
- CAM Plus：自动装配数据输出模块，支持 Dyanpert、Universal、Phillips 等格式的自动贴片插片机器。
- Cluster Placement：自动布局模块，可将 PCB 上的所有元器件按照电路关系定义为不同模块，以实现整个模块的集体移动、旋转等布局操作，并支持自动布局。
- Assembly Variants：生产料表的变量管理模块，支持从一个 PCB 设计中衍生出不同规格的生产料表，以适应不同档次、型号产品备料、加工的需要，可以实现 PCB 上不同元器件的安装与否、替换型号等功能；
- Physical Design Reuse（PDR）：设计复用模块，支持对经典电路 PCB 模块的保存及在不同设计中的重复调用。执行设计复用时，软件会自动检验当前原理图设计对复用模块中的元器件位号进行自动更新，保证复用前后原理图与 PCB 数据的一致性。
- DFF Audit：可制造性检验模块，检查 PCB 上容易引起焊接搭桥、酸角（Acid Trips）、铜条/阻焊条（Copper/SolderMask Slivers）、孔环（Annular Ring）等制造障碍的设计细节。
- Enhanced Analog Tool Kit with Array Placement：模拟 PCB 设计工具包，包含单/双面 PCB 设计中常用的跳线（长度/角度可变）、泪滴（直线/凹面泪滴，尺寸可变）、异形焊盘等功能，以及圆形 PCB 设计中常用的极坐标布局、多个封装同步旋转、任意角度自动布线等功能。
- PADS Router（FIRE）：快速交互式手动布线器，可以对任意规模的复杂 PCB 使用交互式布线功能，支持总线布线、自动连接、布线路径规划、布线形状优化、动态布线/过孔推挤、自动居中、自动调整线宽等功能。
- PADS Router HSD（FIRE HSD）：快速交互式手动高速布线模块，支持差分对信号、交互式蛇形线、定长/限长信号、延时匹配组进行交互布线。
- Enhanced DFT Audit：高级 PCB 可测试性检验模块，可以自动为 PCB 上所有网络添加测试点，并优化测试点布线，并对无法测试的网络进行标注。支持 PCB 的 ICT（In Circuit Testing）自动测试设备，可以输出符合 IPC 标准的测试点数据。
- Advanced Rule Set：高级设计规则定义模块，包括层次式设计规则定义、高速设计规则定义及信号阻抗与延时计算。通过此模块可以为 PCB 设计构造多级约束，如不同类型的网络、引脚对（PinPair）和封装可以使用不同的布局布线规则；可以进行差分对、限制最大串扰阻抗、定长/限长信号及延时匹配组、同一网络在不同层为实现阻抗连续而进行自动调整线宽等规则的定义；也可以计算 PCB 布线的阻抗与延时。
- IDF（Pro/E）Link：三维机械设计软件 Pro/E 的双向数据转换接口，可以将 PCB 设计文件导出至 Pro/E 中，察看 PCB 设计的立体显示效果，也可以导入在 Pro/E 中修改的元器件平面尺寸和高度等参数。

- PADS Auto Router（BlazeRouter）：智能自动布线器，可对任意多层的复杂 PCB 进行自动布线、布线优化、元件扇出及过孔优化等操作。

1.1.3　PCB 设计的常用工具

PCB 设计软件种类很多，如 PADS、Cadence PSD、PSpice、PCB Studio、TANGO、Altium（Protel）、OrCAD、Viewlogic 等。目前，国内流行的主要有 PADS、PSpice、Altium 和 OrCAD，PADS 前面已经介绍，下面就对另外几款 PCB 设计软件进行简单介绍。

1. PSpice

PSpice 新推出的版本为 PSpice 10.5，是功能强大的模拟电路和数字电路混合仿真 EDA 软件，它可以进行各种的电路仿真、激励建立、温度与噪声分析、模拟控制、波形输出、数据输出，以及在同一个窗口内同时显示模拟与数字的仿真结果。

2. Altium

Altium 是 Protel 的升级版本。早期的 Protel 主要作为印制板自动布线工具来使用，只有电原理图绘制和印制板设计功能，后发展到 Protel 99 SE，最近在并购后改名为 Altium 公司，其推出的最新版本 Altium Designer 15.0 是个庞大的 EDA 软件，包含电原理图绘制、模拟电路与数字电路混合信号仿真、多层印制电路板设计（包含印制电路板自动布线）、可编程逻辑器件设计、图表和电子表格生成、支持宏操作等功能，是一个完整的板级全方位电子设计系统。

3. OrCAD

OrCAD 是由 OrCAD 公司于 20 世纪 80 年代末推出的电子设计自动化（EDA）软件。OrCAD 界面友好、直观，集成了电原理图绘制、印制电路板设计、模拟与数字电路混合仿真、可编程逻辑器件设计等功能，其元器件库是所有 EDA 软件中最丰富的，达 8500 个，收入了几乎所有的通用电子元器件模块。

1.2　PADS 9.5 的运行条件

在开始安装 PADS 前，应对 PADS 系统正常运行所需要的计算机硬件要求和操作系统环境等进行简要了解，这样会对接下来的软件安装和以后的使用有很大帮助。

1.2.1　PADS 9.5 运行的硬件配置

PADS 系统是一套标准 Windows 风格的应用软件，而且整个安装过程的系统提示相当明确，所以安装 PADS 系统并非一件难事，只是在安装前应了解它的基本安装条件。

① 至少 1 GB 内存，但在实际使用中，内存的需求会随着设计文件的不同或同一文件的使用方式不同而改变。它主要取决于以下几个方面：

- DRC（设计规则检查）打开或关闭。
- 设计文件中连接线的数目。
- 设计文件的板层数。

② 三按键或滚轮式鼠标。

③ 1024 像素 × 768 像素屏幕区域，颜色至少为 256 色的显示器。

④ 磁盘空间要求：下载空间 1.7 GB，安装空间 3 GB。

1.2.2　PADS 9.5 运行的软件环境

1. 操作系统要求

Windows 7（32 位和 64 位）、Windows Vista SP1（32 位）、Windows XP SP3（32 位）。

如果将 PADS 安装在一台单机上使用，则称单机版。这台单机可以是网络中的一个客户终端机或服务器本身。如果需要安装 PADS 网络版，则先联系网络管理员以了解更多关于网络方面的信息。

要正确地安装 PADS 9.5，需要有授权（License）的支持，厂家对 PADS 9.5 提供两种形式的授权支持，一是浮动授权服务器（Floating License Server），适用于网络安装；二是绑定授权，即一种典型的授权文件 License.dat，通常位于 /Padspwr/security/license 目录下，适用于单机安装。

2. 网络系统要求

为了在网络中运行 PADS 的 PADS License 管理器和使用浮动安全模式，当前的网络必须支持 TCP/IP 协议；授权服务器在网络中必须拥有一个静态的 IP 地址；客户端必须连接到拥有授权服务器的网络上；每个客户端都要有网卡接口。

1.3　PADS 9.5 的安装步骤详解

本节将介绍如何安装 PADS，如果在安装过程中出现问题，则可随时按键盘上的〈F1〉功能键，打开安装在线帮助。

将 PADS 9.5 的安装光盘放入光驱中，安装程序自动启动；或在安装目录下找到"PADS 9.5_mib.exe"文件，双击启动安装程序，弹出如图 1-1 和图 1-2 所示的界面，具体操作如下。

图 1-1　安装启动示意图　　　　　　　　　　　　图 1-2　安装启动界面

6

1）双击 PADS 9.5_mib. cxc 文件，开始安装 PADS 9.5，弹出如图 1-3 所示的 "Mentor Graphics Install" 对话框，提示需要硬件狗。

图 1-3 "Mentor Graphics Install" 对话框

2）单击 Next >> 按钮继续安装程序，弹出如图 1-4 所示的欢迎安装界面，提示没有检测到授权文件。

图 1-4 欢迎安装界面

3）单击 Skip 按钮，打开 "License Agreement（授权许可协议）" 界面，如图 1-5 所示，这是 Mentor Graphics 公司关于 PADS 软件的授权许可协议。

4）单击 Agree 按钮，表示接受该协议，继续安装，弹出如图 1-6 所示的 "Confirm Installation Choices"（确认安装选择）界面。

5）单击 Modify 按钮，进入配置安装环境界面，如图 1-7 所示。

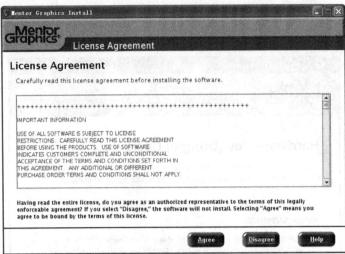

图 1-5 "License Agreement" 界面

图 1-6 "Confirm Installation Choices" 界面

图 1-7 配置安装环境

6）单击"Product Selection（工具选择）"选项卡，选择需要安装的工具，如无特殊要求，则选择所有的类型，如图1-8所示。

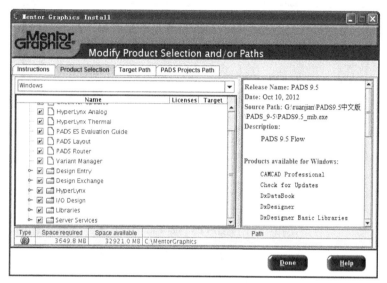

图1-8 "Product Selection"选项卡

7）单击"Target Path（目标路径）"选项卡，选择目标文件安装的路径，下拉列表框中显示的是默认的安装路径，单击"Browse（浏览）"按钮可以改变安装目录，如图1-9所示。

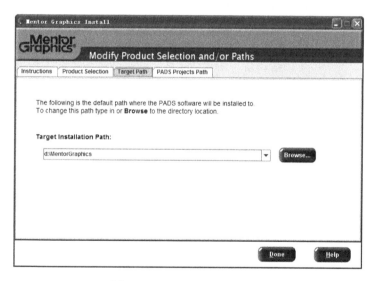

图1-9 "Target Path"选项卡

8）单击"PADS Projects Path"选项卡，选择项目文件保存路径，下拉列表框中显示的是默认的安装路径，单击"Browse"按钮可以改变安装目录，如图1-10所示。

9）单击 Done 按钮，返回"Confirm Installation Choices"界面，如图1-11所示。

10）单击 Install 按钮，弹出软件自身部件安装进度界面，显示安装进度，连续弹出如图1-12和图1-13所示的界面，需要等待安装。

图 1-10 "PADS Projects Path" 选项卡

图 1-11 "Confirm Installation Choices" 界面

图 1-12 安装进度 1

图 1-13　安装进度 2

11）安装完软件自身部件后弹出图 1-14 所示的窗口，按要求按任意键，弹出收集信息进度条和安装布置部件进度条，如图 1-15 和图 1-16 所示。

图 1-14　设置安装进程

图 1-15　收集信息进度条

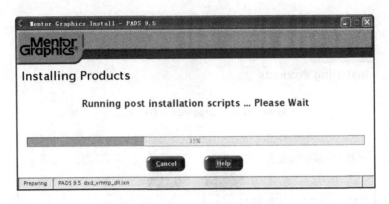

图1-16　安装布置部件进度条

12）进度完成100%后，弹出"PADS Installation Complete（安装完成）"界面，选中"at a later time"单选按钮，如图1-17所示。单击 Done 按钮，退出界面，完成安装。

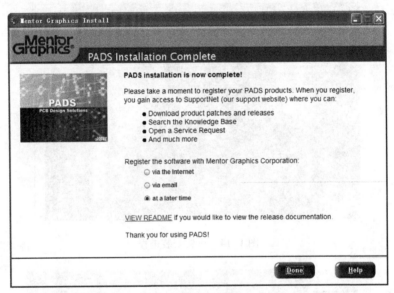

图1-17　安装完成

1.4　PADS 9.5 的集成开发环境

PADS 软件在进行原理图设计、印制电路板绘制、仿真分析等不同操作时，需要打开不同的软件界面，而不是在单一的软件界面中进行所有的设计操作。

下面简单介绍 PADS 9.5 的几种具体的开发环境。

1.4.1　PADS 9.5 的原理图开发环境

图1-18 所示为 PADS 9.5 的原理图开发环境。

图 1–18　PADS 9.5 的原理图开发环境

1.4.2　PADS 9.5 的印制电路板的开发环境

图 1–19 所示为 PADS 9.5 的印制电路板的开发环境。

图 1–19　PADS 9.5 的印制电路板的开发环境

1.4.3 PADS 9.5 的仿真编辑环境

图 1-20 所示为 PADS 9.5 的仿真编辑环境。

图 1-20 PADS 9.5 仿真编辑环境

第 2 章　原理图基础

电路原理图的设计大致可以分为创建工程、设置工作环境、放置元器件、原理图布线、建立网络报表、原理图的电气规则检查、修改和调整等几个步骤，本章将详细加以介绍。

 知识点

- 原理图的设计步骤
- 启动 PADS 9.5
- 初始 PADS 9.5
- 优先参数设置
- 颜色设置
- 元件库
- 元器件的放置
- 编辑元器件属性
- 元器件位置的调整

2.1　原理图的设计步骤

电路原理图的设计大致可以分为创建工程、设置工作环境、放置元器件、原理图布线、建立网络报表、原理图的电气规则检查、修改和调整等几个步骤，其流程如图 2-1 所示。

电路原理图具体设计步骤如下：

1）新建原理图文件。在进入电路图设计系统之前，首先要创建新的原理图文件，在工程中建立原理图文件和 PCB 文件。

2）设置工作环境。根据实际电路的复杂程度来设置图纸的大小。在电路设计的整个过程中，图纸的大小都可以不断地调整。设置合适的图纸大小是完成原理图设计的第一步。

3）放置元器件。从元器件库中选取元器件，放置到图纸的合适位置，并对元器件的名称、封装进行定义和设定，根据元器件之间的连线等联系对元器件在工作平面上的位置进行调整和修改，使原理图美观且易懂。

图 2-1　原理图的设计流程

4）原理图的布线。根据实际电路的需要，利用原理图提供的各种工具和指令进行布线，将工作平面上的元器件用具有电气意义的导线和符号连接起来，构成一幅完整的电路原理图。

5）建立网络报表。完成上面的步骤以后，即可看到一张完整的电路原理图，但是要完成电路板的设计，还需要生成一个网络报表文件。网络报表是印制电路板和电路原理图之间的桥梁。

6）原理图的电气规则检查。当完成原理图布线后，需要设置项目编译选项来编译当前项目，利用 PADS Logic 9.5 提供的错误检查报告修改原理图。

7）编译和调整。如果原理图已通过电气检查，那么原理图的设计就完成了。这是对于一般电路设计而言，但是对于较大的项目，通常需要对电路的多次修改才能够通过电气规则检查。

8）存盘和报表输出。PADS Logic 9.5 提供了利用各种报表工具生成的报表，同时可以对设计好的原理图和各种报表进行存盘和输出打印，为印制电路板的设计做好准备。

2.2 启动 PADS 9.5

PADS Logic 是专门用于绘制原理图的 EDA 工具，它的易用性和实用性都深受用户好评。首先介绍 PADS Logic 9.5 的启动方法，其通常有以下 3 种基本启动方式，任意一种都可以启动 PADS Logic 9.5。

方法 1：单击 Windows 任务栏中的"开始"按钮，执行程序→Mentor Graphics SDD→PADS 9.5→Design Entry→ PADS Logic 命令，启动 PADS Logic 9.5。

方法 2：在 Windows 桌面上直接单击 PADS Logic 图标，这是安装程序自动生成的快捷方式。

方法 3：直接单击以前保存过的 PADS Logic 文件（扩展名为 .sch），通过程序关联启动 PADS Logic 9.5。

2.3 初识 PADS 9.5

进入 PADS 9.5 的主窗口后，立即就能领略到 PADS 9.5 界面的漂亮、精致、形象和美观，如图 2-2 所示。通过本章的介绍，读者将掌握最基本的软件操作。

PADS 9.5 的工作面板和窗口与 Protel 软件有较大的不同，对其管理有一特别的操作方法，而且熟练地掌握工作面板和窗口管理能极大地提高电路设计的效率。

从图 2-2 中可知，PADS Logic 图形界面有 8 个部分，介绍如下。

① 项目浏览器：此窗口可以根据需要打开和关闭，是一个动态信息的显示窗口。

② 状态栏：在进行各种操作时，状态栏都会实时地显示一些相关信息，所以在设计过程中应养成查看状态栏的习惯。

- 默认的宽度：显示默认线宽设置。
- 默认的工作栅格：显示当前设计栅格的设置大小，注意区分设计栅格与显示栅格的不同。

● 光标的 X 坐标和 Y 坐标：显示鼠标十字光标的当前坐标。

图 2-2　PADS 9.5 主程序窗口

③ 工作区：用于绘制原理图及其他资料。

④ 工具栏：在工具栏中收集了一些比较常用功能，将它们图标化以方便用户操作使用。

⑤ 菜单栏：同所有的标准 Windows 应用软件类似，PADS Logic 9.5 采用的是标准的下拉式菜单。

⑥ 输出窗口：从中可以实时显示文件运行阶段消息。

⑦ 系统状态指示器：这个系统状态指示器位于工作区的左上角，对于大多数的用户来说，它是一个被遗忘的角落。其实，它在很多时候都很有用。它同日常生活中公路交通十字路口的指示灯一样，当没有进入任何的操作工具盒时，呈现绿色，这代表用户可以选择或打开任何一个工具盒；但当打开一个工具盒而且选择了其中的一个功能图标之后，这个指示器将变成红色，这表示当前所有的操作都仅局限于这个选择的功能图标之内。

⑧ 状态窗口：显示动态信息的活动窗口，按快捷键〈Ctrl + Alt + S〉可打开对话框。

2.3.1　项目浏览器

项目浏览器是一个汇集了有用信息的浮动窗口，如图 2-3 所示，该窗口一般显示在工作区域的左上方，用于标示当前选中元器件的详细信息，包括元器件标号和元器件类型等。

1）项目浏览器的显示方式有自动隐藏、锁定显示和浮动显示 3 种。

① 自动隐藏：单击图 2-3 右上角的 按钮，可自动隐藏"项目浏览器"面板，右上角变为 按钮，在左侧固定添加"项目浏览器"面板，隐藏面板将鼠标放置在"项目浏

览器"图标上，显示"项目浏览器"如图2-4所示，移开鼠标，则自动隐藏面板，只显示图标。

图2-3 项目浏览器 　　　　图2-4 自动隐藏"项目浏览器"

② 锁定显示：单击右上角的 ⬚ 按钮，锁定项目浏览器，将面板打开固定在左侧。

③ 浮动显示：在图2-5中单击右上角的 ▼ 按钮，在下拉菜单中选择"Floating"（浮动）选项，则面板从左侧脱离出来，成为独立的对话框，如图2-6所示。

图2-5 切换窗口显示方式 　　　　图2-6 浮动显示

2）打开"项目浏览器"有以下3种方法：

① 在原理图设计环境下执行"查看"→"项目浏览器"命令。

② 在原理图设计环境下按快捷键〈Ctrl + Alt + S〉。

③ 在原理图设计环境下单击"标准"工具栏中的"项目浏览器"按钮 ▥。

3）关闭项目浏览器有以下4种方法：

① 在状态窗口激活的情况下，按键盘上的〈Esc〉键。

② 在打开"项目浏览器"的情况下，执行"查看"→"项目浏览器"命令。

③ 单击状态窗口上的关闭按钮 ✕。

④ 在原理图设计环境下取消选中"标准"工具栏中的"项目浏览器"按钮 ▥。

4）项目浏览器汇集的系统信息介绍如下：

① 原理图。

② 元器件。

③ 元器件类型。

④ 网络。

⑤ CAE 封装。

⑥ PCB 封装。

2.3.2 菜单栏

为了使读者能更快地掌握 PADS Logic 的使用方法和功能，本节将首先对 PADS Logic 菜单栏做详细介绍。

菜单栏同所有的标准 Windows 应用软件类似，PADS Logic 采用的是标准的下拉式菜单。主菜单一共包括 6 种，即"文件""编辑""查看""设置""工具"和"帮助"，下面对各菜单进行简要说明。

1. "文件"菜单

"文件"菜单主要聚集了一些与文件输入、输出方面有关的功能菜单，这些功能包括对文件的保存、打开、打印输出等。另外，还包括了"库"和"报告"等。在 PADS 系统中，单击菜单栏中的"文件"则可打开其下拉菜单，如图 2-7 所示。

2. "编辑"菜单

"编辑"菜单主要是一些对设计对象进行编辑或操作的功能菜单。选择菜单栏中的"编辑"，则会弹出"编辑"菜单，如图 2-8 所示。编辑菜单的各个子菜单的功能大部分都可以直接通过工具栏中的功能图标或快捷命令来完成，所以建议在熟练应用软件的条件下为了提高设计效率应尽量使用快捷键和工具栏图标来代替这些功能。

图 2-7 "文件"下拉菜单

图 2-8 "编辑"菜单

3. "查看"菜单

"查看"菜单主要用于对当前设计以不同的方式显示，如图 2-9 所示。

4. "设置"菜单

"设置"菜单主要用于对系统设计中的各种参数进行设置和定义,如图 2-10 所示。

图 2-9　"查看"菜单　　　　　　　　图 2-10　"设置"菜单

5. "工具"菜单

"工具"菜单为设计者提供了各种各样的设计工具,图 2-11 为 PADS Logic 9.5 的"工具"菜单。

6. "帮助"菜单

从"帮助"菜单中,用户可以了解到所不知道的疑难问题的答案,如图 2-12 所示。

图 2-11　"工具"菜单　　　　　　　　图 2-12　"帮助"菜单

2.3.3　工具栏

工具栏中收集了一些比较常用的功能图标,以方便用户操作使用。工具同所有的标准 Windows 应用软件一样,PADS Logic 采用的是标准的按钮式工具。但有别于其他软件的是,本软件基础工具栏只有"标准工具栏",在标准工具栏中又衍生出两个子工具栏,即"原理图编辑工具栏"和"选择筛选条件工具栏"。

1. 标准工具栏

启动软件,默认情况下打开"标准工具栏",如图 2-13 所示。标准工具栏中包含基本操作命令。

图2-13 标准工具栏

2. 原理图编辑工具栏

单击标准工具栏中的"原理图编辑工具栏"按钮![],打开如图2-14所示的"原理图编辑工具栏",将浮动的工具栏拖动添加到菜单栏下方,以方便原理图设计。

图2-14 原理图编辑工具栏

3. 选择筛选条件工具栏

单击标准工具栏中的"选择筛选条件工具栏"按钮![],打开如图2-15所示的"选择筛选条件工具栏",将浮动的工具栏拖动添加到菜单栏下方,以方便原理图设计。

图2-15 选择筛选条件工具栏

2.3.4 "状态"窗口

使用"状态"窗口进行缩放或取景。"状态"窗口显示了当前观察区域和原理图绘图区域的相对位置,如图2-16所示。

1. 使用"状态"窗口取景

使用"状态"窗口取景的具体步骤如下:

1)如果"状态"窗口现在没有打开或不可见,则可以按快捷键〈Ctrl + Alt + S〉打开"状态"窗口。

2)在"状态"窗口内,可以看到一个绿色的区域,为当前观察区域,PADS Logic窗口内的动作会在这里体现。取景会在"状态"窗口内进行相应匹配。

图2-16 "状态"窗口

3)为了使用"状态"窗口进行取景,可以按住鼠标左键,平滑地在"状态"窗口内移动鼠标,即可平移视图,从而实现所需的取景操作。

2. 使用状态窗口缩放

使用"状态"窗口缩放的具体步骤如下：

1）如果"状态"窗口现在没有打开或不可见，则可以按快捷键〈Ctrl + Alt + S〉打开"状态"窗口。

2）在"状态"窗口内，可以看到一个绿色的区域，为当前观察区域，PADS Logic 窗口内的动作会在这里体现。取景会在"状态"窗口内进行相应匹配。

3）为了使用"状态"窗口进行缩放操作，可以按住鼠标右键，在"状态"窗口内用光标拖出一个视窗矩形（绿色区域）即可对鼠标拖出的窗口视图实现缩放操作，注意观察这个区域是怎样代表所定义的区域的。

2.4 优先参数设置

对于应用任何一个软件，重新设置环境参数都是很有必要的。一般来讲，一个软件安装在系统中，系统都会以此软件编译时的设置为准，软件原有的设置称为默认值。

执行菜单栏中的"工具"→"选项"命令，进入优先参数设置。这项设置针对设计整体而言，在它里面设置的参数拥有极高的优先权。而这些设置参数几乎都与设计环境有关，有时也可称它为环境参数设置，在"选项"对话框中总共有四大部分设置。

1. "常规"参数设置

执行菜单栏中的"工具"→"选项"命令，则弹出"选项"对话框。单击"常规"选项，则系统进入了"常规"参数设置界面，如图 2-17 所示。

图 2-17 "常规"参数设置

从图 2-17 中可知"常规"参数设置共有 6 个部分，分别介绍如下。

（1）"显示"选项区域的设置

- "调整窗口大小时保持视图大小不变"：勾选此复选框后，当调整查看窗口设置时，系统维持在窗口中的屏幕比例。

22

- "最小显示宽度"：默认设置为20。

（2）"光标"选项区域的设置

在这类设置中，可以对光标的样式进行设置，光标样式有4个选项可选择：

- 正常。
- 小十字。
- 大十字。
- 全屏。

一般情况下，系统默认的光标样式都是大十字形，但可以通过勾选"斜交"复选框使光标变为倾斜十字光标显示。

（3）"栅格"选项区域的设置

在PADS Logic中有两类栅格，即设计栅格和显示栅格。

在这类设置中一共有4项设置：

- "设计"：设计栅格主要用于控制设计过程中，如放置元件和连线时所能移动的最小单位间隔；用于绘制项目，如多边形、不封闭图形、圆和矩形。如果最小的栅格设置是2 mil，则所绘制图形各边之距离一定是2 mil的整数倍。可以在任何模式下通过直接命令来设置设计栅格，也可以在主菜单中执行"工具"→"选项"命令，并且选择设计表可以观察到当前的设计栅格设置情况。默认设置为100。
- "标签和文本"：标签和文本的大小。
- "显示栅格"：在设计画面中，显示栅格是可见的，如果不能看见，则是因为显示栅格点阵值设置得太小（显示栅格值设置范围为10~9998）。显示栅格在设计中只具有辅助参考作用，它并不能真正地控制操作中移动的最小单位。鉴于显示栅格的可见性，可以设置显示点栅格与设计栅格相同或设置为设计栅格的倍数，这样就可以通过显示栅格将设计栅格体现出来。
- "捕获至栅格"：此设置项为选择项，勾选此复选框则，有关设置在设计中有效。当此设置项在设计有效时，任何对象的移动都将以设计栅格为最小单位。

 小技巧

设置显示栅格最简单而又方便的方法是使用直接命令GD。

有时为了关闭显示点栅格而设置显示点栅格小于某一个值。但这并不是真正的取消，除非用缩放（Zoom）命令将一个小区域放大很多倍，否则将看不到栅格点。

（4）"OLE对象"选项区域的设置

这项设置主要是针对PADS Logic中的链接嵌入对象，一共有3项设置：

- "显示OLE对象"：勾选此复选框，在设计中将显示链接与嵌入的对象。
- "重画时更新"：勾选此复选框，则在PADS Logic链接对象的目标应用程序中编辑PADS Logic的链接对象时，可以通过刷新来使链接对象自动更新数据。
- "绘制背景"：勾选此复选框后，可以通过在PADS Logic中执行"设置"→"显示颜色"命令来设置PADS Logic中嵌入对象的背景颜色。如果不勾选，则嵌入对象将变为透明状。

（5）"文本译码"选项区域的设置

此下拉列表框默认选择"Chinese Simplifise"选项。

（6）"自动备份"选项区域的设置

PADS Logic软件自从进入Windows系统之后，在设计文件自动备份功能上采用了更为保险和灵活的办法。

- "间隔（分钟）"：当设置好自动备份文件个数之后，系统将允许设置每个自动备份文件之间的时间距离（设置范围为1~30 min）。在设置时并不是时间间隔越小越好，当然间隔越小，自动备份文件的数据就越接近当前的设计，但是这样系统就会频繁地进行自动存盘备份，会大大影响设计速度，从而导致在设计过程中出现暂时死机状态。

- "备份数"：PADS Logic的自动备份文件的个数可以人为地设置，允许的设置个数范围是1~9。这比早期的PADS软件只有一个自动备份文件要保险得多。在设置自动备份文件个数时并非越多越好，应配合以下的Interval（间隔）时间综合考虑。

- "备份文件"：默认的自动备份文件名是LogicX. sch，可以通过此项设置来改变默认的自动备份文件名。单击此按钮，则弹出如图2-18所示的"备份文件"对话框，其中PADS Logic（0~3）为默认的自动备份文件名。

图2-18　"备份文件"对话框

2. "设计"参数设置

单击图2-17中"设计"选项便可进入"设计"参数设置界面，如图2-19所示。

"设计"设置主要是针对在设计过程中用到的一些相关的设置，如绘制原理图纸张的大小、粘贴块中元器件的命名等。从图2-19可知，有关设置一共有6部分，介绍如下。

（1）"参数"选项区域的设置。

- "节点直径"：在绘制原理图中有很多的相交线，两个网络线相交，如果在相交处没有节点，则表示它们并没有任何链接关系，但如果有节点，则表示这两个相交网络实际上是同一网络，这个相交节点直径的大小就是设置项Tie Dot（节点）后的数值。

- "总线角度偏移"：设置总线拐角处的角度，其值范围是0~250。

图 2-19 "设计"参数设置

（2）"选项"选项区域的设置

- "粘贴时保留参考编号"：如果勾选此复选框，则当粘贴一个对象到设计中时，PADS Logic 将维持对象中原有的元件参考符（如元件名），但如果跟当前的设计中的元件名有冲突，则系统将自动重新命名并将这个重新命名的信息在默认的编辑器中显示出来。当取消勾选此复选框时，如果粘贴一个对象到一个新的设计中，则 PADS Logic 将重新以第一个数字为顺序来命名，如 U1。
- "允许悬浮连线"：如果勾选此复选框，则在设计过程中导线呈现悬浮状态也可以实现连接。
- "允许命名子网无标签"：如果勾选此复选框，则可以在设计中重新命名网络标签。
- "允许使用库中的空值覆盖设计中的属性值"：如果勾选此复选框，则元件属性在设置过程中可以为空值。

（3）"图页"选项区域的设置

图纸尺寸一共有 A、B、C、D、E、A4、A3、A2、A1、A0 和 F 共 11 种选项，根据需要选择其中 1 种即可。

- "尺寸"：在下拉列表框中选择图纸大小。
- "图页边界线"：单击右侧的"选择"按钮，弹出如图 2-20 所示的"从库中获取绘图项目"对话框，在"绘图项"列表框中选择边界线的类型。

（4）"跨图页标签"选项区域的设置

- "显示页间链接图页编号"：在原理图绘制中，如果绘制的原理图页数大于 2，则经常会出现分别位于两张不同图纸上的元件之间的逻辑连接关系。这就需要靠页间连接符来进行连接。但是，页间连接符只能连接不同页间的同一网络中的元件脚，当看到一个页间连接符但并不知道在其他各页图纸中是否有同一网络时，需要使用页间分离符。

图 2-20 "从库中获取绘图项目"对话框

- "分隔符":如果设置此选项无效,则分隔符将不显示在设计中。
- "每行页码数":同行显示页间分离符的数目指的是设定一个分离器中所最多能包含的页数,如果页数大于这个数,则系统会自动分配显示在另一个分离器中。

(5)非 ECO 注册元件选项区域的设置

在此设置非 ECO 注册元件的适用范围。

(6)非电器元件选项区域的设置

在此设置非电器元件的适用范围。

3."文本"参数设置

"文本"参数的设置主要针对文本类型的对象。单击图 2-17 中的"文本"选项进入"文本"参数设置界面,如图 2-21 所示。

图 2-21 "文本"参数设置

文本高度的设置只需要在其对应项中输入数据即可。具体可设置的对象介绍如下:

- 管脚编号。
- 管脚名称。

- 参考编号。
- 元件类型。
- 属性标签。
- 其他文本。

如果需要更改上述设置中的各个设置项的设置，则可以先选择欲设置项，然后单击"编辑"按钮进行编辑，更快捷的方式是双击欲编辑对象进入编辑状态。

4. "线宽"参数设置

"线宽"参数的设置主要针对线性类型的对象。单击图 2-17 中的"线宽"选项进入"线宽"参数设置界面，如图 2-22 所示。

图 2-22　"线宽"参数设置

宽度的设置只需要在其对应项中输入数据即可。具体包括的设置对象介绍如下：

- 总线。
- 连线。
- 封装。
- 2D 项目。

如果需要更改上述设置中的各个设置项的设置，则可以先选择欲设置项，然后单击"编辑"按钮进行编辑，更快捷的方式是双击欲编辑对象进入编辑状态。

2.5　颜色设置

PADS Logic 提供了一个多功能的环境颜色设置器，执行菜单栏中的"设置"→"显示颜色"命令，弹出如图 2-23 所示的"显示颜色"窗口。

在此窗口中可以以下列各项进行设置：

- 背景。
- 选择。

图 2-23 "显示颜色"窗口

- 连线。
- 总线。
- 线。
- 元件。
- 层次化元器件。
- 文本。
- 参考编号。
- 元件类型。
- 元件文本。
- 管脚编号。
- 网络名。
- 字段。

在进行颜色设置时，首先从窗口最上面的"选定的颜色"选项区域内选择一种颜色，然后单击所需设置项后面的颜色块即可将其设置成所选颜色。PADS Logic 一共提供了 32 种颜色供用户选择，但这并不一定可以满足所有用户的需求，这时可以单击窗口右侧的"调色板"按钮来自行调配所需颜色。

假如希望调用系统默认颜色配置，则可在"配置"下拉列表框中选择其中一个。

2.6　元件库

在绘制电路原理图的过程中，首先要在图纸上放置需要的元器件符号。PADS Logic 9.5 作为一个专业的电子电路计算机辅助设计软件，一般常用的电子元器件符号都可以在其元件库中找到，用户只需在元件库中查找所需的元器件符号，并将其放置在图纸的适当位置即可。

2.6.1 元件库管理器

执行菜单栏中的"文件"→"库"命令，弹出如图 2-24 所示的"库管理器"对话框，在该对话框中，用户可以进行加载或创建新的元件库等操作。下面详细介绍该对话框中的各功能选项。

1. "库"下拉列表框

在"库"下拉列表框中，选择库文件路径，下面的各项操作将在路径中的元件库文件中执行。

①"新建库"按钮：单击此按钮，新建库文件。

②"管理库列表"按钮：单击此按钮，弹出"库列表"对话框，如图 2-25 所示，可以看到此时系统中已经装入的元件库。

图 2-24 "库管理器"对话框

图 2-25 "库列表"对话框

③"属性管理器"按钮：单击此按钮，弹出"管理库属性"对话框，如图 2-26 所示。在该对话框中，设置管理元件库中元件的属性。"添加属性"和"删除属性"等按钮用于设置元件库中的元件在添加到原理图中后需要设置的属性种类。

在 PADS Layout 中的每一个元件都可以具有属性这个参数，简单地讲，元件的属性就是对元件的一种描述（如元件的型号、价格、生产厂商等）。对库属性的管理就是对元件属性的间接管理，在这个库属性管理器中可以进行增加、减少或重命名属性等操作。可以参考本章最后，在创建一个新元件时怎样去增加元件的属性，以便对元件属性有更深的了解。

另外，还可以在库管理器中选择某个库中的某一个元件（在选择某个元件时，可以使用库管理器的"过滤器"，如可以输入"R＊"表示只希望显示以 R 开头的元件），然后对这个元件进行复制、删除和编辑等，以此来改变它原来的状态。这说明库管理器不仅是对元

图 2-26　"管理库属性"对话框

件库，而且对于元件库中的每一个元件都具有管理和编辑功能。

2. "筛选条件"选项区域

在 PADS Logic 9.5 中，按内容分为以下 4 种库。

- 封装：元件的 PCB 封装图形。
- 元件：元件在原理图中的图形显示，包含元件的相关属性，如引脚、门和逻辑属性等。
- 线：库中存储的通用图形数据。
- 逻辑：元件的原理图形表示，如与门和与非门等。

在左侧的矩形框中显示库元件的缩略图。

3. "元件类型"选项区域

在左侧的列表框中显示筛选后符合条件的库元件，在上方的矩形框中显示选中元件的缩略图。

- "新建"按钮：单击此按钮，新建库元件并进入编辑环境，绘制新的库元件。在后面的章节中会具体讲解如何绘制库元件。
- "编辑"按钮：进入当前选中元件的编辑环境，对库元件进行修改。
- "删除"按钮：删除库中选中的元件。
- "复制"按钮：复制库中选中的元件。单击此按钮，弹出如图 2-27 所示的"将元件类型保存到库中"对话框，可以输入新的名称，然后单击"确定"按钮，完成复制操作。

图 2-27　"将元件类型保存到库中"对话框

- "导入"按钮：创建了一个元件库后，还需要创建元件库的 PCB 封装，单击此按钮，弹出如图 2-28 所示的"库导入文件"对话框，可导入其他文件，然后在元件库中利用导入文件进行设置。通常导入文件为二进制文件，有 4 种类型："d"表示 PCB 封装库；"p"表示元件库；"l"表示图形库；"c"表示 Logic 库。由于这里选中的"筛选条件"为"元件"（见图 2-24），因此，导入的二进制文件为"p"（元件库）。同理，其他 3 种筛选条件对应其他 3 种二进制文件。

图 2-28 "库导入文件"对话框

● "导出"按钮：单击此按钮，弹出如图 2-29 所示的"库导出文件"对话框，将元件库或其他库数据导出为一个文本文件，同"导入"按钮一样，4 种不同的筛选条件对应导出 4 种不同的二进制文件。

图 2-29 "库导出文件"对话框

如果要使用 PADS Logic 的转换工具从其他软件所提供的库中转换 PCB 的封装库和元件库，则可以执行上述的"导入""导出"操作，经 PCB 的封装库和元件库都连接在一个库上，从而可以更方便后面的原理图设置和 PCB 设计。

2.6.2 元器件的查找

当用户不知道元器件在哪个库中时，就要查找需要的元器件。查找元器件的步骤如下：

执行菜单栏中的"文件"→"库"命令，弹出"库管理器 – 浏览所有库"对话框，在"库"下拉列表框中选择"（All Libraries）"（所有库）选项，在"筛选条件"选项区域内单击"元件"，在"应用"按钮上方的过滤栏中输入关键词"＊54"，然后单击"应用"按钮即可开始查找，在"元件类型"列表框中选择符合条件的元件，如图2-30所示。

图2-30　查找元器件

2.6.3　加载和卸载元件库

装入所需的元件库的具体操作如下：

执行菜单栏中的"文件"→"库"命令，弹出"库管理器"对话框，单击"管理库列表"按钮，弹出"库列表"对话框，如图2-31所示，可以看到此时系统已经装入的元件库。

下面简单介绍"库列表"对话框中的各选项含义：

图2-31　"库列表"对话框

- "添加"和"移除"按钮用于设置元件库的种类。单击"添加"按钮，弹出"添加库"对话框，如图2-32所示。可以在"Libraries"文件夹下选择所需的元件库文件。同样的方法，若需要卸载某个元件库文件，则只需单击选中对应的元件库文件，单击"移除"按钮，即可卸载选中的元件库文件。
- "上"和"下"按钮用于改变元件库的排列顺序。
- 勾选"共享"复选框，则可设置所加载的元件库文件为其他设计文件共享。设置为共享后，如果打开新的设计项目，则该库也存在于库列表中，用户可直接从该库中选择元件。

图 2-32 "添加库"对话框

● 勾选"允许搜索"复选框，设置已加载的或已存在的元件库可以进行元器件搜索。

重复操作可以把所需要的各种库文件添加到系统中，称为当前可用的库文件。加载完毕后，关闭对话框。这时所有加载的元件库都出现在元件库面板中，用户可以选择使用。

2.6.4 创建元件库文件

通过元件库管理器，用户可以创建新的元件库文件。创建元件库的步骤如下：

执行菜单栏中的"文件"→"库"命令，弹出"库管理器"对话框，单击"新建库"按钮，弹出"新建库"对话框，如图 2-33 所示，在弹出的对话框中设置文件路径，输入库文件名称，新建库文件。其中，PADS Logic 9.5 的库扩展名为".pt9"。

图 2-33 "新建库"对话框

2.6.5 生成元件库元件报告文件

PADS Logic 9.5 允许生成元件库中所有图元的报告文件，如元件、PCB 封装、图形库或

CAE 图元。具体生成步骤如下：

1）执行菜单栏中的"文件"→"库"命令，弹出"库管理器"对话框，单击"列表到文件"按钮，弹出"报告管理器"对话框，如图 2-34 所示。

2）双击左侧"可用属性"列表框中的选项，如双击"Cost"选项，可将其添加到右侧的"选定的属性"列表框中，如图 2-35 所示。

图 2-34　"报告管理器"对话框

图 2-35　交换选项

3）同样地，在图 2-34 的"可用属性"列表框中选中"Cost"选项，单击"包含"按钮，将"Cost"添加到"选定的属性"列表框中，如图 2-35 所示。选中右侧的"Cost"选项，单击"不含"按钮，将"Cost"返回到左侧。

4）在"元件"列表框中显示了元件库中的所有元件，在"元件筛选条件"文本框中输入关键词筛选元件，可筛选最终输出的报告中的元件。

5）单击"运行"按钮，弹出"库列表文件"对话框，如图2-36所示，输入文件名称，单击"保存"按钮，保存输出库中的元件，弹出如图2-37所示的元件报告输出提示对话框，单击"确定"按钮，完成报告文件的输出，并弹出报告的文本文件，如图2-38所示。用户可以打印这个文本文件。

图2-36　"库列表文件"对话框

图2-37　元件报告输出提示对话框

图2-38　文本文件

2.6.6　保存到库元件

由于PADS中的元件库数量过少，因此在绘制原理图的过程中缺少的元件过多，但——

绘制缺失的元件又过于烦琐，此时可采用资源共享的方法。

与 PADS 类似的电路设计软件包括 Altium 和 Cadence 等，这些软件的元件库数量庞大，种类繁多，还可在线下载，可谓"取之不尽，用之不竭"，将这些软件中的元件转换成 PADS 中可用的类型，能大大减少操作时间。

1）执行菜单栏中的"文件"→"导入"命令，弹出"文件导入"对话框，在"文件类型"下拉列表框中选择文件类型，如图 2-39 所示。

图 2-39 "文件导入"对话框

2）选择图 2-40 所示的"Protel DXP/Altium Designer 2004 - 2008 原理图（.Schdoc）"类型的原理图，单击"打开"按钮，在 PADS 中打开 Altium 原理图文件，如图 2-41 所示。

图 2-40 选择 Altium 原理图文件

图 2-41 打开的原理图文件

该原理图文件经过转换后，显示在编辑区中，对其可进行任何原理图编辑操作。

3）选中原理图中的任意元件，单击鼠标右键，在弹出的快捷菜单中单击"保存到库中"命令，弹出"将元件类型保存到库中"对话框，在"库"下拉列表框中选择要保存元件所在的库，如图 2-42 所示，单击"确定"按钮，完成保存操作。

图 2-42 "将元件类型保存到库中"对话框

4）需要使用该元件时，可直接加载该元件库，在库中选取即可。

2.7 元器件的放置

在当前项目中加载了元器件库后，就要在原理图中放置元器件，然后进行属性编辑，最后才能进行后期的连线、仿真或生成网络表等操作。

2.7.1 放置元器件

在放置元件符号前，需要知道元件符号在哪一个元件库中，并载入该元件库。

下面以放置库"lb"中的"74LS242 - CC"为例，说明放置元器件的具体步骤。

1）单击"标准"工具栏中的"原理图编辑工具栏"按钮 ，或执行菜单栏中的"查看"→"工具栏"→"原理图编辑工具栏"命令，打开"原理图编辑"工具盒。

2）单击"原理图编辑"工具栏中的"添加元件"按钮 ，弹出"从库中添加元件"对话框，在左上方显示了元器件的缩略图，用户可以更为直观地看到元器件，如图2-43所示。

3）在"库"下拉列表框中选择"lb"文件，在"项目"文本框中输入关键词"*74LS244 *"。其中，在起始与结尾均输入"*"，表示关键词前可以是任意一个字符的通用符，也可用"?"表示单个字符的通用符。使用过滤器中的通配符在元件库中搜索元件，可以方便地定位所需要的元器件，从而提高设计效率。

4）单击"应用"按钮，在"项目"列表框中显示符合条件的筛选结果，如图2-44所示。

图2-43 "从库中添加元件"对话框　　　　图2-44 筛选元件结果

5）选中元件74LS242 - CC并双击，或单击右侧的"添加"按钮，此时元件的映像附着在光标上，如图2-45a所示，移动光标到适当的位置，单击鼠标左键，将元件放置在当前光标的位置上，如图2-45b所示。

a)　　　　　　　　　　　　　　b)

图2-45 放置元器件

a) 带光标元器件　b) 放置好的元器件

下面介绍图 2-45b 中放置的元件的各部分含义：

- "U1"：由图 2-45b 可以看出，添加到原理图中的元件自动分配到 U1 这个流水编号。PADS Logic 分配元件的流水编号是以没有使用的最小编号来分配的，由于图 2-45 放置的是原理图中的第 1 个元件，因此分配了 U1，若继续放置元件（不包括同个元件的子模块），则顺序分配元件流水编号，即 U2、U3……。
- "-A"：如果选择的是由多个子模块集成的元件，如图 2-45 中选择的 74LS242-CC，则若继续放置，系统自动顺序增加的编号是 U2-B、U2-C、U2-D……，如图 2-46 所示。

图 2-46　放置元件模块

无论是多张图纸还是单张图纸，在同一个设计文件中，不允许存在任何两个元器件拥有完全相同的编号。

6) 放置完一个元件后，继续移动光标，浮动的元件映像继续附着在光标上，依上述放置元件的方法，继续增加元件，PADS Logic 自动分配元件的流水编号，若不符合电路要求，则可在放置完成后进行属性编辑，以修改编号；确定不需要放置元件后，单击右键菜单中的"取消"命令或按〈ESC〉键即可结束放置。

2.7.2　元器件的删除

当在电路原理图上放置了错误的元器件时，就要将其删除。在原理图上，可以一次删除一个元器件，也可以一次删除多个元器件。

1. 执行方式

1) 菜单栏：编辑→删除。

2) 工具栏：原理图编辑→删除 ⊠。

3) 快捷键：Delete。

2. 操作步骤

1) 执行"编辑"→"删除"命令，鼠标光标会变成右下角带 V 字图标的十字形。将十字形光标移到要删除的元器件上，单击即可将其从电路原理图上删除。

2) 此时，光标仍处于十字形状态，可以继续单击删除其他元器件。

若不需要删除元器件，则执行菜单栏中的"查看"→"重画"命令或单击"原理图编辑"工具栏中的"刷新"按钮 ⊘，完成删除对象操作。

3) 也可以单击选取要删除的元器件，然后按〈Delete〉键将其删除。

4) 若需要一次性删除多个元器件，则使用鼠标选取要删除的多个元器件，元器件高亮显示后，执行菜单栏中的"编辑"→"删除"命令或按〈Delete〉键，即可将选取的多个元器件删除。

上面的删除操作除了可以用于选取的元器件，还可用于删除总线和连线等。

2.7.3 元器件的放大

从键盘上输入直接命令"S＊"，将设计画面定位在元件＊处并以该元件为中心，将画面放大适当的倍数。

2.8 编辑元器件属性

在原理图上放置的所有元件都具有自身的特定属性，在放置好每一个元件后，都应该对其属性进行正确的编辑和设置，以免使后面的网络表生成及 PCB 的制作产生错误。

2.8.1 编辑元件流水号

在原理图中放置好元件后，就可以进行属性编辑了。首先就是对元件流水号进行编辑，根据元件放置的顺序，系统自动顺序添加元件的流水号，若放置顺序与元件设定的编号不同，则需要修改元件的流水号，具体步骤如下：

双击要编辑的元件编号"U2－A"或在元件编号上单击鼠标右键，弹出如图 2-47 所示的快捷菜单，单击"特性"命令，弹出"参考编号特性"对话框，如图 2-48 所示。

图 2-47　快捷菜单

图 2-48　"参考编号特性"对话框

对话框中各参数含义如下。

- "参考编号"文本框：用于输入元器件名称。
- "重命名"选项区域：单个元件则选中"元件"单选按钮，多个子模块元器件则选中"门"单选按钮。
- "标签特性"选项区域：设置标签属性，在"旋转"下拉列表框中设置元件旋转角度；在"尺寸（点）"文本框中输入元件的外形尺寸；在"字体"下拉列表框中选择字体样式；在"字体样式"选项组中设置编号字体，包含 3 种样式，即 **B** *I* U，分别表示加粗、斜体、下画线。
- "对齐"选项区域：包含"水平"和"垂直"两个选项组，"水平"选项组中又包括

"右""中心"和"左"3个单选按钮,"垂直"选项组包括"上""中心"和"下"3个单选按钮。

2.8.2 设置元件类型

在绘制原理图的过程中,如果元件库中没有需要的元件,但有与所需元器件外形相似或相同的元件,则只需在其基础上进行修改即可。这里先介绍如何修改元器件类型,即元器件名称,步骤如下:

双击元件名称"74LS242 - CC"或选中对象单击鼠标右键,在弹出的快捷菜单中单击"特性"命令,弹出"元件类型标签特性"对话框,如图2-49所示。

对话框中各参数含义如下。

- "名称":在"名称"栏下显示元器件名称"74LS242 - CC",单击其下的"更改类型"按钮,弹出"更改元件类型"对话框,如图2-50所示。在此对话框中可更改元器件。其中,"属性"选项区域内的两个复选框用于设置更新的属性范围,"应用更新到"选项区域内的3个单选按钮"此门""此元件""所有此类型的元件"用于设置应用对象,"筛选条件"选项区域内的参数设置与前面相同,这里不再赘述。

图2-49 "元件类型标签特性"对话框

图2-50 "更改元件类型"对话框

- "标签特性"选项区域:包括"旋转""尺寸(点)""线宽""字体"和"字体样式"5个选项,用于设置标签特性。
- "应用更新到"选项区域:在替换旧元件类型时有3种选择,默认的设置是选中"此门",表示在替换时只替换选择的逻辑门,第2个是"此元件"单选按钮,表示将替换整个元件,但是只针对被选择的元件,第3个是"所有此类型的元件"单选按钮,表示将替换当前设计中所有这种元件类型的元件。所以在进行改变元件类型时千万要注意这项设置。

对上面章节已经介绍过的参数,后面章节中将不再赘述。

2.8.3 设置元件管脚

双击图2-51中元器件"RES - 1/2W"上的管脚1或选中对象并单击鼠标右键,在弹出的快捷菜单中单击"特性"命令,弹出"管脚特性"对话框,如图2-51所示。

对话框中各参数含义如下。

- "管脚"选项区域：在此选项区域中显示的信息包括管脚、名称、交换、类型和网络。
- "元件"选项区域：显示元件编号 R1 及门编号 R1。
- "修改"选项区域：可以设置修改元件/门、网络、字体。单击"字体"按钮，弹出"管脚标签字体"对话框，如图 2-52 所示，在该对话框中设置管脚字体。

图 2-51 "管脚特性"对话框

图 2-52 "管脚标签字体"对话框

2.8.4 设置元件参数值

在绘制原理图过程中，如果元件库中没有需要的元件，但有与所需元器件外形相似或相同的元件，则只需在其基础上进行修改即可。这里先介绍如何修改元器件类型，即元器件名称，步骤如下：

双击图 2-53 中元器件"RES - 1/2 W"下方的参数值"???"，或在参数值上单击鼠标右键，在弹出的快捷菜单中单击"特性"命令，弹出"属性特性"对话框，如图 2-53 所示。

对话框中各参数命令如下。

- "属性"选项区域：设置元器件属性值。在"名称"栏中显示要设置的参数名称为"Value"，参数对应的值为"???"，参数值可随意修改，结果如图 2-54 所示。

图 2-53 "属性特性"对话框

图 2-54 设置参数值

对上面章节已经介绍过的选项，这里不再赘述。

2.8.5 交换参考编号

单击"原理图编辑"工具栏中的"交换参考编号"按钮，单击图2-55a左侧的元器件"U1-A"，元器件外侧添加矩形框，选中元器件，如图2-55b所示，继续单击右侧的元器件"U1-B"，交换两元器件编号，结果如图2-55c所示。

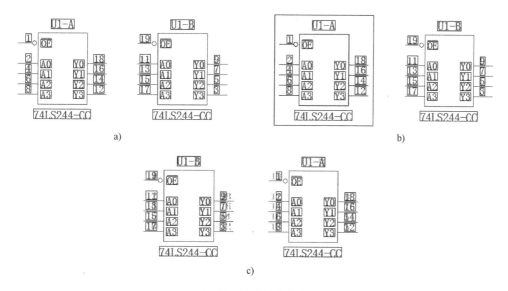

图2-55 元器件交换编号

a）原图 b）选中要交换的对象 c）结果

图2-55为同一元器件中的两个子模块互换编号，图2-56所示为同类型的元器件互换编号，图2-57所示为不同类型的元器件互换编号。可以看出，无论两个元器件类型如何，均可互换编号，步骤完全相同。

图2-56 同类型元器件交换编号

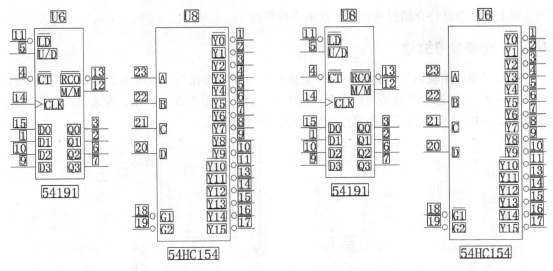

图 2-57 不同类型元器件交换编号

2.8.6 交换引脚

在绘制原理图的过程中，如果元件库中没有需要的元件，但有与所需元器件外形相似的元件，则编辑后即可混用。

原理图中的元器件符号外形一般包括边框和引脚。若元器件边框相同，则只是引脚排布有所不同，这里先介绍如何调整元器件引脚。

1. 交换同属性管脚

单击"原理图编辑"工具栏中的"交换管脚"按钮，鼠标由原来的十字形，变为右下角带 V 字的图标，单击图 2-58a 中的引脚 1，引脚 1 上的矩形框变为白色，显示选中对象，继续单击同属性的引脚 2，如图 2-58b 所示，完成引脚交换，结果如图 2-58c 所示。

图 2-58 交换同属性引脚

a）原图 b）选择引脚 c）结果

2. 交换不同属性的引脚

单击"原理图编辑"工具栏中的"交换管脚"按钮，单击图 2-59a 中的引脚 1，引脚 1 上的矩形框变为白色，显示选中对象，继续单击不同属性的引脚 3，弹出如图 2-60 所示的警告对话框，单击"是"按钮，完成引脚交换，结果如图 2-59b 所示。

图 2-59 交换不同属性的引脚

a) 原图 b) 结果

图 2-60 警告对话框

2.8.7 元器件属性的查询与修改

在设计过程中,随时都有可能对设计的任何一个对象进行属性查询或某一方面的改动。例如,对于原理图中的某个元件,如果希望查看其对应的 PCB 封装,可以通过库管理器找到这个元件,然后再到元件编辑器中去查看,但这样做相当费时费力。较简单的方法是,先激活这个元件,再单击鼠标右键,从弹出的快捷菜单中单击"特性"命令来查看。

第二种方法显然比第一种有效得多,但在 PADS Logic 中激活任何一个对象时单击鼠标右键都会发现,在弹出的快捷菜单中的第一子菜单都是"特性",这就表明在 PADS Logic 中,任何被点亮的对象都可以对其属性进行查询和修改。

在设计中,如果只是对少数对象进行查询或修改,则将其点亮后单击鼠标右键,再在快捷菜单中单击"特性"命令完成这个操作好像并不太费事,但若在检查设计时需要对大量的对象进行查询,则再使用这种方法就比较麻烦。此时选择希望操作的对象,单击"原理图编辑"工具栏中的"特性"图标,激活某对象后可直接进入查询与修改状态。

利用 PADS Logic 提供的专用查询工具可以非常方便地对设计中的任何对象进行实时查询及在线修改,通过查询可以非常清楚地了解该对象的电气特性、网络连接关系、所属类型和属性等。

查询可以针对任何对象,在本小节中将介绍如何对元件进行查询与修改,具体内容包括如下:

① 对元件逻辑门的查询及修改。

② 对元件名的查询及修改。

③ 元件统计表查询。

④ 对元件逻辑门封装的查询及修改。

⑤ 对元件属性可显示性的查询及修改。

⑥ 对元件属性的查询及修改。

⑦ 对元件所对应的 PCB 封装进行查询及修改。

⑧ 对元件的信号引脚的查询及修改。

上面一一介绍了如何编辑修改元件的单个属性,下面详细介绍如何设置元件的其他属性。

单击"选择筛选条件"工具栏中的"元件"按钮,双击要编辑的元器件,打开"元件特性"对话框,图 2-61 所示的是 74LS242 - CC 的属性编辑对话框。

从图 2-61 中可知,对元件的编辑与修改对话框中分为 4 个部分,从表面上看只有最下面的"修改"选项区域可以进行修改，但其实前3部分都具有修改功能，下面分别介绍对话框中的这4个部分。

1. "参考编号"选项区域

这里的"参考编号"指的是设计中的逻辑门名和元件名，所以在此可以查询和修改逻辑门名和元件名。

在"参考编号"选项区域内显示元器件编号，如U1、R1等。在编辑栏仍保持着旧的逻辑门名，如果显示的编号不符合要求，则单击右侧的"重命名元件"按钮，弹出如图2-62所示的"重命名元件"对话框，在"新的元件参考编号"文本框中显示的是元件旧编号，可在文本框中删除"U1"，输入正确的编号，如"U2"，则元器件编号U2会出现在原理图上。

图2-61 "元件特性"对话框

图2-62 "重命名元件"对话框

2. "元件类型"选项区域

"元件类型"选项区域主要用于修改元件类型。单击"更改类型"按钮，弹出"更改元件类型"对话框，在这个对话框中可以从元件库重新选择一种元件类型替换被查询修改的元件，前面已经详细介绍对话框中各选项的含义，这里不再赘述。

另外，在改变元件类型时可以不必打开"元件特性"对话框进行设置，只需直接单击元件的类型名进行特性编辑，即可进行元件类型的替换。

3. "元件信息"选项区域

"元件信息"选项区域主要显示了一些关于被查询对象的相关信息，如对应的PCB封装、引脚数、逻辑系列、ECO已注册、信号引脚数、门数、未使用及门封装等。在这里不单单是信息的显示，同样可以改变某些对象，如在"门封装"下拉列表框中，如果被选择的逻辑门有多种封装形式，则可以在这里进行替换。

另外，单击"统计数据"按钮，弹出文本文件，在文件中显示上述元器件引脚统计信息，如图2-63所示，直观地描述元件情况。

这个窗口实际上是一个记事本，它显示这个元件每一个引脚的相关信息。例如，第一项"U1.1[U－1]＋12 V"表示元件U1的第一脚所属网络为＋12 V，且为负载输出端。

```
stats - 记事本
文件(F)  编辑(E)  格式(O)  查看(V)  帮助(H)
                        < U1    87C256 >

U1.1[U-1] +12V                    U1.2[U-1] A12
U1.3[U-1] A07                     U1.4[U-1] A06
U1.5[U-1] A05                     U1.6[U-1] A04
U1.7[U-1] A03                     U1.8[U-1] A02
U1.9[U-1] A01                     U1.10[U-1] A00
U1.11[U-1] $$$22719               U1.12[U-1] $$$22730
U1.13[U-1] $$$22731               U1.14[U-1] GND
U1.15[U-1] $$$22732               U1.16[U-1] $$$22733
U1.17[U-1] $$$22734               U1.18[U-1] $$$22735
U1.19[U-1] $$$22736               U1.20[U-1] $$16275
U1.21[U-1] A10                    U1.22[U-1] $$$16276
U1.23[U-1] A11                    U1.24[U-1] A09
U1.25[U-1] A08                    U1.26[U-1] A13
U1.27[U-1] A14                    U1.28[U-1] +5V
```

图 2-63   统计文本文件

4. "修改"选项区域

"修改类型"选项区域内有 4 个图标，即可见性、属性、PCB 封装和信号管脚。

（1）可见性

可见性主要是针对被查询修改对象的属性而言，就是让某个属性在设计画面中显示出来。单击"可见性"按钮后打开"元件文本可见性"对话框，如图 2-64 所示。勾选相关复选框，则选项在原理图中显示；反之，则隐藏选项。

在对话框中"属性"选项选项区域内有 6 种属性，但这并不表示被修改对象只有这 6 种属性，因为 PADS Logic 系统属性字典中提供了各种各样的属性，需要自行设置，增加和删除某对象属性的方法很多。

图 2-64   "元件文本可见性"对话框

- "属性"选项区域显示被查询修改对象所有已经设置了的属性，希望哪一个属性内容在设计中显示出来，则勾选相应复选框即可。
- "项目可见性"选项区域内有 4 项跟元件关系很密切的显示选择项，它们是参考编号、元件类型、管脚编号、管脚名称，所以将它们单独放在此处进行设置。
- "属性名称显示"选项区域用于设置希望关闭所有的属性或打开所有的属性。选中"全部禁用"单选按钮关闭所有属性显示，选中"全部启用"单选按钮打开所有的属性显示，而选中"无更改"单选按钮只显示没有改变的属性。

（2）属性

单击此按钮，弹出"元件属性"对话框，如图 2-65 所示。在左侧"属性"栏中显示元件固有的属性，分别显示属性的名称与值。若需要修改，则可直接在对象上双击。同时，单击右侧"添加""删除""编辑"按钮，设置元件属性，并在"值"选项组下输入其内容，否则其属性形同无效。

图 2-65 "元件属性"对话框

例如，图 2-65 中的 Cost（价格），如果不太清楚各种属性，则可单击右上角的"浏览库属性"按钮，弹出"浏览库属性"对话框，如图 2-66 所示。在此对话框中打开属性字典，选择元件库中的属性，将其添加到元件属性中。

（3）PCB 封装

此项功能主要用于查询修改元件所对应的 PCB 封装，单击此按钮，弹出如图 2-67 所示的"PCB 封装分配"对话框，在此对话框中显示封装类型及其缩略图。

图 2-66 "浏览库属性"对话框

图 2-67 "PCB 封装分配"对话框

如果元件没有对应的 PCB 封装，此窗口内将没有任何封装名，有时可能此逻辑元件类型有对应的封装，也就是在"PCB 封装分配"对话框的"库中的备选项"列表框中有 PCB 封装名，但是没有分配在"原理图中的已分配封装"栏中。如果是这样，则在传网表时，错误报表就会显示这个元件在封装库中找不到对应的 PCB 封装。所以必须在"库中的备选项"列表框中选择一个 PCB 封装名，通过"分配"按钮分配到"原理图中的已分配封装"栏。

！注意

如果此元件类型在建立时本身就没分配 PCB 封装，即使通过对话框中的"浏览"按钮强行调入某个 PCB 封装在"库中的备选项"列表框中也是无效的，因此在传网表时如发现某个元件报告没有对应的 PCB 封装，则先查询这个元件是否分配了 PCB 封装，如果这里没有分配或根本就没有对应的 PCB 封装，那么打开元件库修改其元件的类型增加与其对应的 PCB 封装内容。

（4）信号管脚

此按钮主要用于设置元件引脚属性的编辑、添加与移除。单击此按钮，弹出如图 2-68 所示的"元件信号管脚"对话框，在对话框右侧显示元件引脚的名称，可利用左侧的"添加""移除"和"编辑"按钮编辑引脚。

图 2-68 "元件信号管脚"对话框

在这个对话框中可知被查询修改元件的第 7 引脚接地，第 14 引脚为电源引脚，可以对这两个引脚进行编辑以改变其电气特性。在"未使用的管脚"列表框内的任何引脚都是没有被使用的引脚，可以通过"添加"按钮分配到"信号管脚"选项区域内定义其电气特性，反之可以用"移除"按钮移出至"未使用的管脚"列表框中变为未使用的引脚。

一般情况下，对元件属性的设置只需设置元件编号，其他采用默认设置即可。

2.9 元器件位置的调整

元器件位置的调整就是利用各种命令将元器件移动到合适的位置以及实现元器件的旋转、复制与粘贴、排列与对齐等。

2.9.1 元器件的选取和取消选取

1. 元器件的选取

要实现元器件位置的调整，首先要选取元器件。选取的方法很多，下面介绍几种常用的方法。

（1）用鼠标直接选取单个或多个元器件

对于单个元器件的情况，将光标移到要选取的元器件上单击即可。选中的元件高亮显示，表明该元器件已经被选取，如图 2-69 所示。

对于多个元器件的情况，将光标移到要选取的元器件上单击即可，按住〈Ctrl〉键选择元器件，选中的多个元器件高亮显示，表明该元器件已经被选取，如图 2-70 所示。

（2）利用矩形框选取

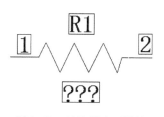

图 2-69 选取单个元器件

对于单个或多个元器件的情况，按住鼠标左键并拖动，拖出一个矩形框，将要选取的元器件包含在该矩形框中，如图 2-71 所示，释放鼠标后即可选取单个或多个元器件。选中的元器件高亮显示，表明该元器件已经被选取，如图 2-72 所示。

图 2-70　选取多个元器件　　　　　　　　图 2-71　拖出矩形框

在图 2-71 中，只要元器件的一部分在矩形框内，则显示选中对象，与矩形框是从上往下框选，还是从下往上框选无关。

（3）利用右键快捷菜单选取

单击鼠标右键，弹出如图 2-73 所示的快捷菜单，单击"选择元件"命令，在原理图中选择元器件，当选中包含子模块的元器件时，在其中一个子模块上单击，则自动选中所有子模块。若单击"任意选择"命令，则在原理图中选择单个元器件。

图 2-72　选中的元器件　　　　　　　　　图 2-73　快捷菜单

"选择元件"与"任意选择"命令对一般元器件没有差别，但对于包含子模块的元器件，当执行"任意选择"命令时，选中的对象仅是单击的单一模块，读者可根据不同的需

50

求执行对应命令。同时，"任意选择"命令还可以选择任何对象，"选择元件"命令只能针对整个元器件。下面分别讲解整个元器件外的对象的选择方法。

如果想选择元器件的逻辑门单元，则在右键快捷菜单中单击"选择门"命令，再在原理图中所需门单元上单击，门单元高亮显示，此时，单击元器件的其余单元不显示选中，只能选中门单元；如果想选择引脚单元，以此类推。

（4）利用工具栏选取

PADS Logic 还提供了"选择过滤器"工具栏，用于选择元器件或元器件的图形单元，如门、网络、引脚，及元器件连接工具，如连线、网络标签、节点、文本等，如图 2-74 所示。功能与图 2-73 快捷菜单中的命令相同。

图 2-74　"选择过滤器"工具栏

单击"选择过滤器"工具栏中的"任意"按钮，工具栏默认显示打开门和引脚等按钮功能，当选择对应的对象时，可执行命令；在图 2-74 中没有选中"网络"按钮，需要单击"网络"按钮，即可选中网络单元；单击"全不选"按钮，工具栏显示如图 2-75 所示，此时在原理图中无法选择任何对象。

图 2-75　全不选

2. 取消选取

取消选取也有多种方法，下面介绍两种常用的方法。

方法 1：直接用鼠标单击电路原理图的空白区域，即可取消选取。

方法 2：按住〈Shift〉或〈Alt〉键，单击某一已被选取的元器件，可以将其他未单击的对象取消选取。

2.9.2　元器件的移动

一般在放置元器件时，每个元器件的位置都是估计的，在进行原理图布线之前还需要进行布局，即对于元器件位置的调整。

要改变元器件在电路原理图上的位置，就需要移动元器件，包括移动单个元器件和同时移动多个元器件。

1. 移动单个元器件

移动单个元器件分为移动单个未选取的元器件和移动单个已选取的元器件两种。

（1）移动单个未选取的元器件

将光标移到需要移动的元器件上（不需要选取），如图 2-76a 所示，按住鼠标左键并拖动，元器件会随光标一起移动，如图 2-76b 所示，此时松开鼠标，元器件随鼠标的移动而移动，到达指定位置后再次单击鼠标左键或按空格键，即可完成移动，如图 2-76c 所示。元器件显示为选中状态，在空白处单击，取消元器件的选中状态。

图 2-76　移动未选取的单个元器件
a）移动前　b）移动状态　c）移动后

（2）移动单个已选取的元器件

将光标移到需要移动的元器件上（该元器件已被选取），同样按住鼠标左键并拖动，元器件显示为移动状态，至指定位置后单击鼠标左键或按空格键；或执行菜单栏中的"编辑"→"移动"命令，将选中的元器件移动到指定位置后单击鼠标左键或按空格键；或单击"原理图编辑"工具栏中的"移动"按钮，元器件将随光标一起移动，到达指定位置后再次单击鼠标左键或按空格键，完成移动。

选中元器件后，单击鼠标右键，在弹出的快捷菜单中单击"移动"命令，完成对元器件的移动。

2. 移动多个元器件

当需要同时移动多个元器件时，首先要将所有要移动的元器件选中。然后，在其中任意一个元器件上按住鼠标左键并拖动（可一直按住鼠标，也可拖动后放开），所有选中的元器件将随光标整体移动，到达指定位置后单击鼠标左键或按空格键；或执行菜单栏中的"编辑"→"移动"命令，将所有选中的元器件整体移动到指定位置；或单击"原理图编辑"工具栏中的"移动"按钮，将所有元器件整体移动到指定位置，完成移动。

在原理图布局的过程中，除了需要调整元器件的位置，还需要调整其余单元，如门、网络和连线等，方法与移动元器件类似，这里不再赘述，读者可自行练习。

2.9.3　元器件的旋转

在绘制原理图的过程中，为了方便布线，往往要对元器件进行旋转操作，下面介绍几种常用的旋转方法。

1. 90°旋转

在元器件放置过程中，元器件变成浮动状态，直接使用快捷键〈Ctrl + R〉或单击鼠标右键，在弹出的快捷菜单中单击"90 度旋转"命令，可以对元器件进行旋转操作，图 2-78 中的 R1、R2 分别为旋转前与旋转后的状态。

2. 实现元器件左右对调

在元器件放置过程中，元器件变为浮动状态，直接使用快捷键〈Ctrl + F〉或在右键快捷菜单中单击"X 镜像"命令，可以对元器件进行左右对调操作，如图 2-79 所示。

图 2-77 快捷菜单　　图 2-78 元器件旋转　　图 2-79 元器件左右对调

3. 实现元器件上下对调

在元器件放置过程中，元器件变为浮动状态后，直接使用快捷键〈Ctrl + Shift + F〉，或在右键快捷菜单中单击"Y 镜像"命令，可以对元器件进行上下对调操作，如图 2-80 所示。

元器件的旋转操作也可以在放置后进行，单击选中对象，直接使用快捷键或单击鼠标右键，在弹出的快捷菜单中单击命令。

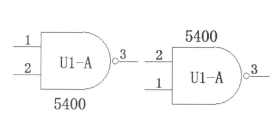

图 2-80 元器件上下对调　　　　　　　　　图 2-81 快捷菜单

2.9.4 元器件的复制与粘贴

PADS Logic 同样有复制、粘贴的操作，操作对象同样不止包括元器件，还包括单个单元及相关电器符号，方法相同，因此这里只简单介绍元器件的复制、粘贴操作。

1. 元器件的复制

元器件的复制是指将元器件复制到剪贴板中，具体步骤如下。

1）在电路原理图上选取需要复制的元器件或元器件组。

2）执行命令：

① 执行菜单栏中的"编辑"→"复制"命令。

② 单击"标准"工具栏中的"复制"按钮。

③ 使用快捷键〈Ctrl + C〉。

至此即可将元器件复制到剪贴板中，完成复制操作。

2. 元器件的粘贴

元器件的粘贴就是把剪贴板中的元器件放置到编辑区里，有以下3种方法。

方法1：执行菜单栏中的"编辑"→"粘贴"命令。

方法2：单击"标准"工具栏上的"粘贴"按钮 。

方法3：使用快捷键〈Ctrl + V〉。

执行粘贴后，光标变成十字形状并带有欲粘贴元器件的虚影，如图2-82所示，在指定位置上单击左键即可完成粘贴操作。

粘贴结果中，元器件流水编号与复制对象不完全相同，自动顺序排布，图2-83所示为图2-82放置后的结果，复制U2 - A，由于原理图中已有U2 - B、U2 - C、U2 - D，因此粘贴对象编号顺延为U4 - A。

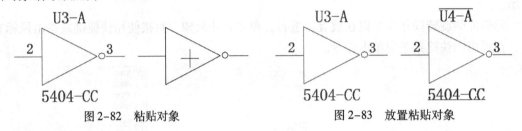

图2-82　粘贴对象　　　　　　　　图2-83　放置粘贴对象

3. 元器件的快速复制

元器件的快速复制是指一次性复制，无须执行粘贴命令即可多次将同一个元器件重复粘贴到图纸上。具体步骤如下：

1）在电路原理图上选取需要复制的元器件或元器件组。

2）执行命令：

① 执行菜单栏中的"编辑"→"复制"命令。

② 单击"原理图编辑"工具栏中的"复制"按钮 。

③ 按住〈Ctrl〉键并拖曳。

步骤1）、2）可互换。

图2-84所示为快速复制的结果。

图2-84　快速复制结果

第3章 原理图库设计

本章主要介绍在 PADS Logic 图形界面中进行图形绘制，在原理图中绘制各种标注信息，以使电路原理图更清晰，数据更完整，可读性更强。各种图元均不具有电气连接特性，所以系统在做 ERC 检查及转换成网络表时，它们不会产生任何影响，也不会附加在网络表数据中。

 知识点

- 元件定义
- 元件编辑器
- 绘图工具
- 元件信息设置

3.1 元件定义

在设计电路之前，必须保证所用到的元件在 PADS Logic 和 PADS Layout 中都存在，其中包括元件、逻辑封装和 PCB 封装。

很多的 PADS 用户，特别是新的用户，对这三者（PCB 封装、CAE 和 元件类型）非常容易搞混淆，总之，记住 PCB 封装和 CAE（逻辑封装）只是一个具体的封装，不具有任何电气特性，它是元件类型的一个组成部分，是元件类型在设计中的一个实体表现。所以，当建好一个 PCB 封装或 CAE 封装时，千万别忘了将该封装指明所属元件类。元件既可在 PADS Logic 中创建，也可以在 PADS Layout 中创建。

PCB 封装是一个实际零件在 PCB 板上的脚印图形，如图 3-1 所示，有关这个脚印图形的相关资料都存放在库文件 XXX. pd3 中，它包含各个引脚之间的间距及每个脚在 PCB 板各层的参数、元件外框图形、元件的基准点等信息。所有的 PCB 封装只能在 PADS 的封装编辑中建立。

CAE 封装是零件在原理图中的一个电子符号，如图 3-2 所示。有关它的资料都存放在库文件 XXX. Id9 中，这些资料描述了这个电子符号各个引脚的电气特性及外形等。CAE 封装只能在 PADS Logic 中建立。

图 3-1　PCB 封装 1　　　　　　　　　　图 3-2　CAE 封装

元件类型在库管理器中用元件图标来表现，它不像 PCB 封装和 CAE 封装那样每一个封装名都有唯一的元件封装与其对应，而元件类型是一个类的概念，所以在 PADS 系统中称它为元件类型。

对于元件封装，PADS 巧妙地使用了这种类的管理方法来管理同一个类型的元件有多种封装的情况。在 PADS 中，一个元件类型（也就是一个类）中最多可以包含 4 种不同的 CAE 封装和 16 种不同的 PCB 封装，当然在这些众多的封装中，每一个的优先级都不同。

当用"添加元件"命令或快捷图标增加一个元件到当前的设计中时，输入对话框或从库中寻找的不是 PCB 封装名，也不是 CAE 封装名，而是包含这个元件封装的元件类型名，元件类型的资料存放在库文件 XXX. pt9 中。当调用某元件时，系统一定会先从 XXX. pt9 库中按照输入的元件类型名寻找该元件的元件类型名称，然后再依据这个元件类型中包含的资料里所指示的 PCB 封装名称或 CAE 封装名称到库 XXX. pd9 或 XXX. . ld9 中去找这个元件类型的具体封装，进而将该封装调入到当前的设计中。

很多的 PADS 用户，特别是新的用户对这三者（PCB 封装、CAE 和元件类型）非常容易混淆，总之，记住 PCB 封装和逻辑封装只是一个具体的封装，不具有任何电气特性，它是元件的一个组成部分，是元件类型在设计中的一个实体表现。

3.2 元件编辑器

元件类型在库管理器中用元件图标来表现，它不像 PCB 封装和逻辑封装那样，每一个封装名都有唯一的元件封装与其对应，而元件类型是一个类的概念，所以在 PADS 系统中称它为元件类型，一般都在 PADS Logic 的"元件编辑器"环境中建立。

3.2.1 启动编辑器

执行菜单栏中的"工具"→"元件编辑器"命令，弹出如图 3-3 所示的窗口，进入元件封装编辑环境。

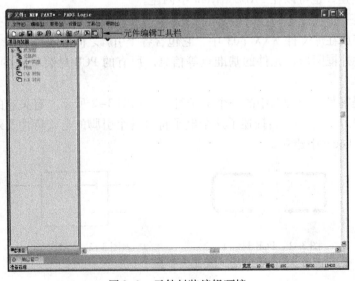

图 3-3　元件封装编辑环境

3.2.2 文件管理

1. 新建文件

单击"标准"工具栏中的"新建"按钮□，弹出"选择编辑项目的类型"对话框，选中"元件类型"单选按钮，如图 3-4 所示，单击"确定"按钮，退出对话框，进入元件编辑环境。

2. 保存库文件

单击"符号编辑器"工具栏中的"保存"按钮▣，弹出"将 CAE 封装保存到库中"对话框，如图 3-5 所示。

图 3-4　"选择编辑项目的类型"对话框　　　图 3-5　"将 CAE 封装保存到库中"对话框

3. 文件的另存为

执行菜单栏中的"文件"→"另存为"命令，弹出如图 3-6 所示的"将元件和门封装另存为"对话框，在"库"下拉列表框中选择新建的库文件 PADS，在"元件名"文本框中输入要创建的元件名称。单击"确定"按钮，关闭对话框。

4. 保存图形

对于一些图形，特别是合并图形，在以后的设计中可能会用到，PADS Logic 允许将其保存在库中，并在元件库管理器中通过"库"来管理。

当保存图形与合并体时，先单击图形或冻结图形，再单击鼠标右键，然后在弹出的快捷菜单中单击"保存到库中"命令，弹出如图 3-7 所示的"将绘图项保存到库中"对话框。在对话框中选择保存图形库并输入图形名，最后单击"确定"按钮即可。

图 3-6　"将元件和门封装另存为"对话框　　　图 3-7　"将绘图项保存到库中"对话框

3.3 绘图工具

单击"元件编辑"工具栏中的"编辑图形"按钮，弹出提示对话框，单击"确定"按钮，默认创建 NEW_PART，进入图形编辑环境，如编辑元件 NEW_PART，如图 3-8 所示。

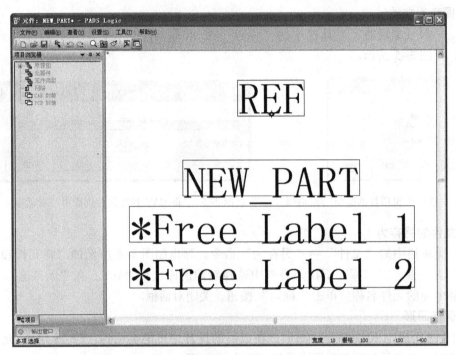

图 3-8　编辑元件 NEW_PART

完成绘制后，执行菜单栏中的"文件"→"返回至元件"命令，返回图 3-8 所示的编辑环境。

单击"元件编辑"工具栏中的中的"封装编辑"按钮，弹出"符号编辑工具栏"，如图 3-9 所示。

图 3-9　"符号编辑工具栏"

3.3.1 多边形

多边形图形是泛指一种不定形图形，这种不定形表现在它的边数可以根据需要来决定，图形的形状也是人为定义的。

1. 绘制多边形

绘制多边形首先必须进入绘图模式。单击"原理图编辑"工具栏中的"创建2D线"按钮 ，然后将鼠标十字光标移动到设计环境画面中的空白处，单击鼠标右键，则会弹出如图3-10所示的快捷菜单，命令含义如下。

图3-10　选择绘制图形

- 完成：只有在绘图过程中，快捷菜单中的前4个命令才有效，因为它们只在绘图过程中才会用到。在绘制图形时，不管是4种基本图形中的哪一种，只要单击此菜单中的此命令都可以完成图形绘制。但是在绘制多边形时，如果在没有完成一个多边形的绘制而中途单击此命令，那么系统将以此点和起点的正交线来完成所绘制的多边形。可以使用快捷键〈DoubleClick〉来取代此命令的功能。Double-Click的意思是双击鼠标左键即可结束图形绘制，这要方便得多。

- 添加拐角：在当前图形操作点上单击此命令来增加一个拐角，而角度由菜单中的设置项"正交""斜交"和"任意角度"来决定。快捷键〈LButton + Click〉，指在需要拐角处单击一下鼠标左键即可。这个功能只在绘制多边形和路径时有效。

- 删除拐角：在绘制图形的过程中，当需要删除当前操作线上的拐角时可使用此来完成。这个功能同样只是针对多边形和路径有效，它的快捷键是 < Backspace > 。

- 添加圆弧：在绘制图形时如果希望将某个部分绘制成弧度形状，则单击此，当前的走线马上会变成一个可变性弧度，移动鼠标任意调整弧度，直到符合要求后单击鼠标左键确定。这个功能只在绘制多边形和非封闭图形时才可使用。

- 宽度：这个命令用来设置绘制图形所用的线宽，设置线宽有两种方式：一是在绘制图形前设置；二是在线设置，也就是在绘制图形过程中进行设置，这样设置比较方便，可以随时改变图形绘制中的当前走线宽度。不管使用哪一种设置方式，当输入字母"W"时，都会自动弹出设置窗口，因为这个设置实际上是快捷命令的应用，如图3-11所示。

图3-11　设置线宽

注意

当需要设置线宽为 15 mil 时，在图3-11所示的窗口中输入"w 15"即可。

- 多边形：单击此命令进入多边形图形绘制模式。
- 圆形：用于绘制圆形图形。
- 矩形：单击此命令将绘制矩形图形。

- 路径：绘制非封闭图形。
- 正交：在绘制多边形和非封闭图形时，如果单击此命令，则拐角将呈现90°。
- 斜交：同正交命令一样，单击此命令在绘画过程中拐角将为斜角。
- 任意角度：在绘图时，其拐角将由设计者确定。可以移动鼠标光标以改变拐角的角度，当满足要求时单击鼠标左键确定即可。
- 取消：退出创建2D线操作。

只有在充分理解这些命令的前提下才可能准确地绘制所需的图形。当需要绘制多边形时，单击"多边形"命令。系统默认值就是多边形，所以当刚进入绘制图形模式时，无须选择设置项即可直接绘制多边形。

2. 编辑多边形

在实际中，有时往往需要对完成的图形进行编辑，以使其符合设计要求。

编辑图形，首先必须进入编辑模式状态。单击"原理图编辑"工具栏中的"修改2D线"按钮，然后选择需要编辑的图形。将所编辑图形点亮后点击鼠标右键，弹出如图3-12所示的快捷菜单，命令含义如下。

- 拉弧：编辑图形时，选择图形中的某一线段后移动鼠标，这时被选择的线段将会随着鼠标的移动而被拉成弧形。
- 分割：选择图形某一线段或圆弧，系统将以当前鼠标十字光标所在线段位置将线段进行分割。
- 删除线段：单击图形某线段或圆弧，系统将会删除单击处相邻的拐角而使之成为一条线段。
- 宽度：设置线宽，本小节前面已经介绍过，不再重复介绍。
- 实线样式：将图形线条设置成连续点的组合。
- 点画线样式：如果设置成这种风格，则图形中的二维线将变成点状连线，如图3-13所示。
- 已填充：将图形变成实心状态。

图3-12　编辑多边形

图3-13　点画线样式

"正交""斜交"和"任意角度"命令，在前面已经介绍，这里不再重复。

3.3.2 矩形

上一小节介绍了多边形的绘制与编辑，而实际完全可以通过绘制多边形的模式和操作绘制出一个矩形。但是系统为什么要增加一个矩形绘制功能呢？是否多此一举了呢？

答案是否定的，利用绘制矩形功能绘制矩形比用绘制多边形功能绘制矩形要更好、更快，使用绘制矩形功能只需要确定两点就可以完成一个矩形的绘制，而使用绘制多边形功能绘制矩形需要确定 4 个点才能完成一个矩形的绘制。下面介绍绘制一个矩形图形时的基本操作步骤：

1) 单击"原理图编辑"工具栏中的"创建 2D 线"按钮 ，进入绘图模式，在设计环境中的空白处单击，然后再单击鼠标右键，在弹出的快捷菜单中单击"矩形"命令。

2) 在起点处单击然后移动鼠标光标，如图 3-14 所示，这时会有一个可变化的矩形，决定这个矩形大小的是起点和起点对角线另一端的点。

3) 确定终点。可变化的矩形满足要求后单击鼠标左键来确定，这就完成了一个矩形的绘制，如图 3-15 所示。

图 3-14　拖动矩形　　　　　　　　图 3-15　绘制矩形

如果绘制矩形并不符合要求或对以前的文件进行编辑的方法跟多边形是完全相同的，这里不再赘述。

除了使用"原理图编辑"工具栏中的"修改 2D 线"按钮 可以编辑矩形和多边形之外，下面将介绍另外一种编辑方法。

首先退出绘图模式，然后单击矩形或多边形，使矩形或多边形处于高亮状态，再单击鼠标右键，在弹出的快捷菜单中单击"特性"命令，如图 3-16 所示，单击后弹出如图 3-17 所示的"绘图特性"对话框。

图 3-16　选择编辑功能

图 3-17　"绘图特性"对话框

注意

直接双击矩形或多边形也可弹出"绘图特性"对话框，各参数含义介绍如下。

- 宽度：改变图形的轮廓线宽度，在文本框后输入新的线宽值即可。
- 已填充：如果勾选此复选框，则被激活的图形将被填充成实心图形。
- 样式：在此选项区域内有"实线"和"点画线"两个单选按钮。
- 旋转：将图形进行旋转，旋转角度只能是 0°或 90°。
- 镜像：将图形进行镜像处理，可选择 X 镜像（沿 X 轴镜像）或 Y 镜像（沿 Y 轴镜像）。

小技巧

从图 3-17 中可知，这种编辑方式与前一小节中介绍的编辑在操作方式上完全不同。这种编辑方式是将所有编辑项目设置好后，系统一次性统一完成。但这种编辑方式同前一小节中介绍的使用"原理图编辑"工具栏中的"修改 2D 线"按钮 进行编辑图形相比较，有一个最明显的区别就是不可以改变图形的形状。

对于图形的编辑，一般来讲就这两种编辑方法。

3.3.3　圆

在所有绘制图形中，可以说绘制圆是最简单的一种绘图，因为在整个绘制过程中只需要确定圆的圆心和半径这两个参数，具体方法如下。

1）单击"原理图编辑"工具栏中的"修改 2D 线"按钮 ，进入绘图模式，单击鼠标右键，在弹出的快捷菜单中单击"圆形"命令。在当前设计中首先确定圆心，如果要求圆心位置非常准确，则可以通过快捷命令来定位，如圆心的坐标如果是 X:500 mil 和 Y:600 mil，则输入快捷命令"S　500　600"即可准确地定位在此坐标上。

图 3-18　绘制圆形

2）然后单击鼠标左键确定，此时如果偏离圆心，则移动鼠标光标，在鼠标十字光标上黏附着一个圆，这个圆随着偏离圆心的移动，半径也随着增大，当靠近圆心移动时圆半径减小，调整到所需半径时单击鼠标左键确定，如图 3-18 所示。

3）圆的修改同绘制一样简单，只需先点亮所需要编辑的圆，然后移动鼠标光标调整圆半径，最后单击鼠标左键确定即可。

3.3.4　路径

这种绘图方式是一种万能的绘图方式，它可以绘制出所有图形。

在操作上，多边形一定要在所绘制的图形封闭时才可以完成操作，而路径可以在图形的任何一个点处完成操作。当然，利用路径可以绘制多边形和另外几种基本的图形，所以从这个角度来讲，路径是一种万能绘图法。

但在绘制效率上，当绘制一些标准图形时，用它就显得比较落后。

1）单击"原理图编辑"工具栏中的"创建 2D 线"按钮 ，进入绘图模式，再单击鼠标右键，在弹出的快捷菜单中单击"路径"命令。

2）在设计中选择一点，不过这一点并不是圆心点，而是圆上的任意一个点。单击鼠标左键确定这一点后偏离此点移动鼠标光标，但绘制出的是一条线段而非圆弧，这是系统默认设置，如需要改变，则只需在绘制过程中单击鼠标右键，弹出如图 3-19 所示的快捷菜单，单击"添加圆弧"命令，此时刚绘制出的线段就变成了弧线，移动此弧线成半圆，如图 3-20 所示。此时，保持弧线的终点与起点在一条水平垂直线上，移动鼠标光标调整好半径后单击鼠标左键确定。

图 3-19　快捷菜单

图 3-20　绘制半圆

3）到此画出了一个圆的一半，"添加圆弧"命令只能执行一段圆弧的绘制，因此绘制另一半圆弧时，还需要单击"添加圆弧"命令，如图 3-21 所示，同理画出另一个半圆。到起点位置后单击鼠标左键确定，这样一个圆就绘制完成了，结果如图 3-22 所示。

图 3-21　添加圆弧

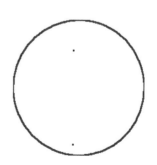

图 3-22　绘制另一半圆

按以上步骤操作即完成了一个圆的绘制,同理可以利用"路径"绘图方式绘出多种图形。利用"路径"方式绘出的图形与其他绘图方式的不同点在于,它所绘制的图形的组成单位一定是线段和弧线,这就是为什么在编辑用"路径"方式绘制的图形圆时,移动圆圈时可能并不是整个圆圈都随着移动,而是圆圈的一部分弧线随着移动。因此,在绘制图形时要根据所绘图形选择适当的绘制方式,以免给绘制和编辑带来不必要的麻烦,从而提高设计效率。

3.3.5 从库中添加2D线

从库中添加2D线的方法如下:

1)单击"原理图编辑"工具栏中的"从库中添加2D线"按钮🔳,系统会弹出如图3-23所示的"从库中获取绘图项目"对话框。

图3-23 "从库中获取绘图项目"对话框

2)在"库"下拉列表框中找到保存图形的库,这时在这个库中所有的图形都会显示在"绘图项"列表框中,选择所需图形名,单击"确定"按钮即可将图形增加到设计中。

3.3.6 元件管脚

元件的外形只是一种简单的图形符号,真正起到电气连接特性的对象是管脚,它是一个元件的灵魂,是不可或缺的,元件管脚如图3-24所示。

$$\underline{|0|} \quad \text{NETNAME} \quad \text{\#16:TYP=S SWP=0}$$

图3-24 元件管脚

1. 添加端点

单击"符号编辑"工具栏中的"添加端点"按钮🔳,弹出如图3-25所示的"管脚封装浏览"对话框,选择添加管脚的类型。

2. 更改管脚类型

单击"符号编辑"工具栏中的"更改管脚封装"按钮🔳,弹出如图3-26所示的"管脚封装浏览"对话框,选择要修改的管脚的类型,结果如图3-27所示。

3. 设置管脚编号

1)单击"符号编辑"工具栏中的"设置管脚编号"按钮🔳,弹出如图3-28所示的

"设置管脚编号"对话框。

图 3-25 "管脚封装浏览"对话框 1

图 3-26 "管脚封装浏览"对话框 2

图 3-27 修改管脚类型

- 在"起始管脚编号"选项区域内设置"前缀"和"后缀"名称。
- 在"增量选项"选项区域内有"前缀递增"和"后缀递增"两个单选按钮可以选择。
- 在"步长"数值框中设置编号间隔。

2）单击"符号编辑"工具栏中的"更改编号"按钮，单击需要修改的编号，弹出如图 3-29 所示的"Pin Number"对话框，输入要修改的编号，结果如图 3-30 所示。

图 3-28 "设置管脚编号"对话框

图 3-29 "Pin Number"对话框

$\boxed{2}$ NETNAME #16:TYP=S SWP=0

图 3-30 修改编号

4. 设置管脚名称

1）单击"符号编辑"工具栏中的"设置管脚名称"按钮，弹出如图 3-31 所示的"端点起始名称"对话框，在该对话框中输入管脚名称，结果如图 3-32 所示，继续单击管脚，管脚名称自动按照数字依次递增显示，即 A2、A3、A4。

2）单击"符号编辑"工具栏中的"更改管脚名称"按钮，弹出如图 3-33 所示的"Pin Name"对话框，在该对话框中输入要修改的管脚名称。

图 3-31 "端点起始名称"对话框

图 3-32 修改管脚名称

图 3-33 "Pin Name"对话框

5. 设置管脚电气类型

单击"符号编辑"工具栏中的"设置管脚类型"按钮，弹出如图 3-34 所示的"管脚类型"对话框，在下拉列表框中显示可选择的 10 种电气类型，具体如图 3-35 所示。

图 3-34 "管脚类型"对话框

图 3-35 电气类型

6. 交换管脚

单击"符号编辑"工具栏中的"设置管脚交换"按钮，弹出如图 3-36 所示的"分配管脚交换类"对话框，交换两个管脚，包括其编号、名称、属性等，全部进行交换。

7. 更改管脚

单击"符号编辑"工具栏中的"更改序号"按钮，弹出如图 3-37 所示的"端点序号"对话框，输入新的管脚序号，结果如图 3-38 所示。

图 3-36 "分配管脚交换类"对话框

图 3-37 "端点序号"对话框

图 3-38 修改序号

3.3.7 元件特性

直接选中图形对象，单击"原理图编辑"工具栏中的"特性"按钮 ，弹出"绘图特性"对话框，如图3-39所示，在此可以进行图形的查询与修改。

图形的查询与修改非常简单，从图3-39中可知，可以对图形进行以下5个方面的查询与修改。

图3-39 "绘图特性"对话框

- 宽度：如果需要改变图形的线宽，则输入新的线宽值即可。
- 已填充：这个选项只有当查询与修改的对象是矩形和圆时才有效，勾选此复选框后，矩形和圆将会变成实心图形。
- 样式：图形的线条有两种样式可选，即实线和点画线。
- 旋转：利用旋转设置，一次可将选择图形的位置状态改变90°。
- 镜像：如果需要对图形做镜面反映，则勾选"X镜像"复选框可将图形以X轴做镜面反映，勾选"Y镜像"复选框，则图形以Y轴做镜面反映。

3.4 元件信息设置

单击"元件编辑"工具栏中的"编辑电参数"按钮 ，弹出"元件的元件信息"对话框。

1. "常规"选项卡

打开"常规"选项卡，如图3-40所示。

图3-40 "元件的元件信息"对话框的"常规"选项卡

在该选项卡中包含3个选项区域：

（1）元件统计数据

在该选项区域内显示元件的基本信息，包括管脚数、封装名、门数及信号管脚数。

（2）选项

在该选项区域内可设置图形与信息的关系。

（3）逻辑系列

1）在下拉列表框中显示逻辑系列类型，不同的逻辑系列对应不同的参考前缀，单击"系列"按钮，弹出"逻辑系列"对话框，如图3-41所示。在该对话框中可对现有的逻辑系列进行编辑和删除，同时，还可以添加新的逻辑系列。

图3-41 "逻辑系列"对话框

2）打开"PCB封装"选项卡，如图3-42所示。在PADS系统中，一个完整的元件一定包含两方面内容，即元件封装（CAE封装和PCB封装）和该封装所属的元件类型。在该选项卡中添加元件对应的封装。

图3-42 "PCB封装"选项卡

3）在"库"下拉列表框中选择封装库，在"未分配的封装"列表框中显示封装库中的封装，选中需要的封装，单击"分配"按钮，将选中封装添加到右侧的"已分配的封装"列表框中，从而对应到元件中。

4）若无法得知封装的所在位置，则可在"筛选条件"文本框中输入筛选关键词，在"管脚数"文本框中输入管脚数，精确筛选条件，完成条件设置后，单击"应用"按钮，同时勾选"仅显示具有与元件类型匹配的管脚编号的封装"复选框，也可简化搜索步骤。

2. "门"选项卡

打开"门"选项卡，如图3-43所示。

有时由于元件过于复杂，为了清楚显示，本书将该元件分成几个部分，各部分元件外形相同，管脚编号及属性不同，门即元件的部件。

在该选项卡下主要添加或编辑部件的个数、名称和管脚。

打开"管脚"选项卡，如图3-44所示，显示元件管脚信息，同时可在该对话框中对管脚进行修改、添加和重新编号等。

图 3-43 "门"选项卡

图 3-44 "管脚"选项卡

3. "属性"选项卡

打开"属性"选项卡,如图 3-45 所示,显示元件添加的属性。

图 3-45 "属性"选项卡

3.5 操作实例

通过前面章节的学习，用户对 PADS Logic 9.5 原理图库文件的创建、库元件的绘制、绘图编辑工具的使用都有了初步的了解，而且能够完成库元件的创建。这一节通过具体的实例来说明如何使用绘图工具完成元件的设计工作。

3.5.1 元件库设计

通过本例的学习，读者将了解在元件编辑环境下新建原理图库和绘制元件原理图符号的方法，同时练习绘图工具的使用。

1. 创建工作环境

1）单击 PADS Logic 图标，打开 PADS Logic 9.5。

2）单击"标准"工具栏中的"新建"按钮，新建一个原理图文件。

2. 创建库文件

1）执行菜单栏中的"文件"→"库"命令，弹出如图 3-46 所示的"库管理器 - 浏览所有库"对话框，单击"新建库"按钮，弹出"新建库"对话框，选择新建的库文件路径，设置为"\ yuanwenjian \ 3 \ 3.5"，单击"保存"按钮，生成 4 个库文件，即 CPU. ld9、CPU. ln9、CPU. pd9 和 CPU. pt9。

2）单击"管理库列表"按钮，弹出如图 3-47 所示的"库列表"对话框，显示新建的库文件自动加载到库列表中。

图3-46 "库管理器 - 浏览所有库"对话框　　　图 3-47 "库列表"对话框

3. 元件编辑环境

1）执行菜单栏中的"工具"→"元件编辑器"命令，系统将进入元件封装编辑环境。

默认创建名称为"NEW_PART"的元件，在该界面中可以对该元件进行编辑，如图3-48所示。

图3-48 新建元件环境

2）执行菜单栏中的"文件"→"另存为"命令，弹出如图3-49所示的"将元件和门封装另存为"对话框，在"库"下拉列表框中选择新建的库文件CPU，在"元件名"文本框中输入要创建的元件名称P89C51RC2HFBD。单击"确定"按钮，关闭对话框。

图3-49 "将元件和门封装另存为"对话框

4. 元件绘制环境

单击"元件编辑"工具栏中的"编辑图形"按钮 ，弹出提示对话框，单击"确定"按钮，进入绘制环境，如图3-50所示。

5. 绘制元件符号

1）单击"元件编辑"工具栏中的中的"封装编辑"工具栏 ，弹出"符号编辑"工

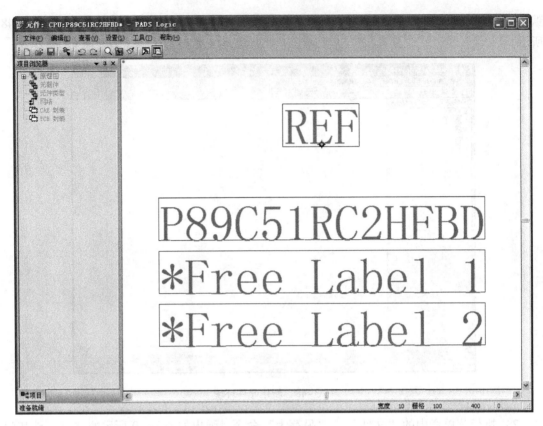

图 3-50 编辑环境

具栏。

2）单击"符号编辑"工具栏中的"CAE 封装向导"按钮 ✹，弹出"CAE 封装向导"对话框，按照图 3-51 设置管脚数，单击"确定"按钮，在编辑区中显示设置完成的元件，元件外形如图 3-52所示。

图 3-51 "CAE 封装向导"对话框

3）双击管脚，弹出"端点特性"对话框，按照芯片要求输入编号及名称，如图 3-53 所示。

4）单击"更改封装"按钮，弹出如图 3-54 所示的"管脚封装浏览"对话框，选择管脚类型为"PCLKB"，单击"确定"按钮，完成封装修改，关闭对话框。

图 3-52　元件外形

图 3-53　"端点特性"对话框

图 3-54　"管脚封装浏览"对话框

5）返回"端点特性"对话框，显示修改结果，单击"确定"按钮，关闭对话框。

6）单击"符号编辑"工具栏中的"更改编号"按钮，在管脚编号上单击，弹出 "Pin Number"对话框，如图 3-55 所示，按照芯片要求修改元件编号，结果如图 3-56 所示。

图 3-55　"Pin Number"对话框

图 3-56　修改编号

7）单击"符号编辑"工具栏中的"设置管脚名称"按钮，弹出如图 3-57 所示的"端点起始名称"对话框，在该对话框中输入管脚名称，单击管脚，完成起始名称的设置，继续单击其余管脚，结果如图 3-58 所示。

图 3-57　"端点起始名称"对话框　　　　　　图 3-58　修改管脚名称

8）单击"符号编辑"工具栏中的"更改管脚名称"按钮，弹出如图 3-59 所示的"Pin Name"对话框，在该对话框中输入要修改的管脚名称，完成修改后，继续单击管脚，修改其余管脚名称，结果如图 3-60 所示。

图3-59 "Pin Name"对话框

图3-60 修改其余管脚名称

9）使用同样的方法，修改所有管脚的名称，结果如图3-61所示。

图3-61 管脚修改结果

10）由于元件分布不均，因此出现叠加现象，单击"符号编辑"工具栏中的"修改2D 线"按钮，在矩形框上单击，向右拖动矩形，调整结果如图3-62所示。

11）单击"符号编辑"工具栏中的"更改管脚封装"按钮，弹出"管脚封装浏览"对话框，选择要修改的管脚类型，结果如图3-63所示。

图 3-62　调整结果

图 3-63　修改管脚类型

6. 设置元件信息

1）单击"元件编辑"工具栏中的"编辑电参数"按钮，弹出"元件的元件信息"对话框。

2）打开"PCB 封装"选项卡，在"管脚数"文本框中输入 44，勾选"仅显示具有与元件类型匹配的管脚编号的封装"复选框，单击"应用"按钮，在"未分配的封装"列表框中显示符合条件的封装，选择"CQFP44"选项，单击"分配"按钮，将其添加到"已分配的封装"列表框中，如图 3-64 所示。

图 3-64　分配封装

3）执行菜单栏中的"文件"→"返回至元件"命令，退出元件绘制环境，返回元件编辑环境。

4）单击"分配新项目"按钮，弹出"分配新的 PCB 封装"对话框，在文本框中输入封装名称"CQFP44"，如图 3-65 所示．

5）单击"确定"按钮，弹出如图 3-66 所示的提示对话框，关闭该对话框，完成封装的分配。

图 3-65　"分配新的 PCB 封装"对话框

图 3-66　提示对话框

6）单击"确定"按钮，完成封装的添加，自动弹出如图 3-67 所示的警告文本，根据文本文件，修改元件图形。

7. 修改元件图形

1）单击"元件编辑"工具栏中的"编辑图形"按钮，弹出"选择门封装"对话框，如图 3-68 所示，单击"确定"按钮，进入元件图形编辑环境。

图 3-67　警告文本　　　　　　　　　图 3-68　"选择门封装"对话框

2）单击"符号编辑"工具栏中的"更改管脚名称"按钮，弹出"Pin Name"对话框，按照警告文件的要求，修改重复的管脚名称，修改结果如图 3-69 所示。

图 3-69　修改结果

8. 新建元件

1）单击"标准"工具栏中的"新建"按钮，弹出"选择编辑项目的类型"对话框，如图 3-70 所示，选中"元件类型"单选按钮，单击"确定"按钮，关闭对话框，进入元件编辑环境。

2）执行菜单栏中的"文件"→"另存为"命令，弹出如图 3-71 所示的"将元件和门封装另存为"对话框，在"库"下拉列表框中选择新建的库文件，在"元件名"文本框中输入要创建的元件名称。单击"确定"按钮，关闭对话框。

9. 绘制元件图形符号

1）单击"符号编辑"工具栏中的"CAE 封装向导"按钮，弹出"CAE 封装向导"对话框，按照图 3-72 所示设置管脚数，完成后单击"确定"按钮，在编辑区中显示设置完成的元件，向导元件如图 3-73 所示。

图 3-70 "选择编辑项目的类型"对话框

图 3-71 "将元件和门封装另存为"对话框

图 3-72 "CAE 封装向导"对话框

2）拖动管脚，按照要求调整管脚位置，结果如图 3-74 所示。

图 3-73 向导元件

图 3-74 管脚调整结果

3）单击"符号编辑"工具栏中的"设置管脚名称"按钮，弹出"端点起始名称"对话框，在该对话框中输入管脚名称 D1，继续单击管脚，管脚名称自动按照数字依次递增显示，结果如图 3-75 所示。

4）单击"符号编辑"工具栏中的"设置管脚编号"按钮，弹出如图 3-76 所示的

"设置管脚编号"对话框。单击"确定"按钮，关闭对话框，依次单击管脚，按顺序修改编号，结果如图 3-77 所示。

图 3-75 设置管脚名称

图 3-76 "设置管脚编号"对话框

图 3-77 编号修改结果

5）执行菜单栏中的"文件"→"返回至元件"命令，返回原理图编辑环境。

10. 设置元件信息

1）单击"元件编辑"工具栏中的"编辑电参数"按钮 ，弹出"元件的元件信息"对话框，如图 3-78 所示。

2）单击"系列"按钮，弹出"逻辑系列"对话框，如图 3-79 所示，单击"添加"按钮，添加新的逻辑系列"SN IC"。

3）单击"确定"按钮，关闭对话框，返回"常规"选项卡，在"逻辑系列"下拉列表框中选择新建的"SN"系列，参考前缀为"IC"，如图 3-80 所示。

4）打开"PCB 封装"选项卡，在"未分配的封装"列表框中选择"DIP20"选项，单击"分配"按钮，完成封装选择并将其添加到"已分配的封装"列表框中，如图 3-81 所示。

图 3-78 "元件的元件信息"对话框   图 3-79 "逻辑系列"对话框

图 3-80 "常规"选项卡

图 3-81 "PCB 封装"选项卡

5）单击"分配新项目"按钮，弹出"分配新的 PCB 封装"对话框，在文本框中输入封装名称"DIP20"，如图 3-82 所示。

6）单击"确定"按钮，弹出如图 3-83 所示的提示对话框，关闭该对话框，完成封装的分配。

图 3-82　"分配新的 PCB 封装"对话框

图 3-83　提示对话框

7）打开"常规"选项卡，在"元件统计数据"选项区域内显示管脚信息，如图 3-84 所示。

图 3-84　显示元件信息

8）单击"确定"按钮，关闭对话框，完成元件属性的设置。

9）执行菜单栏中的"文件"→"退出文件编辑器"命令，返回原理图编辑环境。

3.5.2　门元件的设计

在本例中，使用绘图工具创建包含多部件的元件。同时，对比单部件元件的绘制方法，有何异同。

1. 创建工作环境

1）单击 PADS Logic 图标![icon]，打开 PADS Logic 9.5。

2）单击"标准"工具栏中的"新建"按钮![icon]，新建一个原理图文件。

2. 元件编辑环境

执行菜单栏中的"工具"→"元件编辑器"命令，系统将进入元件封装编辑环境。默认创建名称为"NEW_PART"的元件,在该界面中可以对该元件进行编辑。

3. 添加部件

1)单击"元件编辑"工具栏中的"编辑电参数"按钮,弹出"元件的元件信息"对话框。

2)打开"门"选项卡,单击"添加"按钮,添加两个门部件,即门 A 和门 B,如图 3-85 所示。

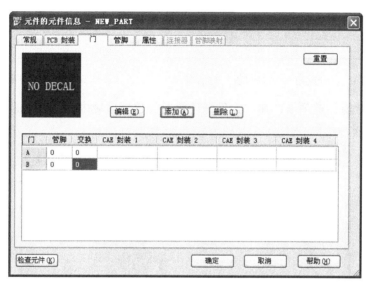

图 3-85 "门"选项卡

3)打开"PCB 封装"选项卡,在"管脚数"文本框中输入 14,勾选"仅显示具有与元件类型匹配的管脚编号的封装"复选框,单击"应用"按钮,在"未分配的封装"列表框中显示封装库中的封装,选中需要的封装 SOJ14,单击"分配"按钮,将选中的封装添加到右侧的"已分配的封装"列表框中,如图 3-86 所示。

图 3-86 "PCB 封装"选项卡

4）单击"分配新项目"按钮，弹出"分配新的 PCB 封装"对话框，在文本框中输入封装名称"SOJ14"，如图 3-87 所示．

5）单击"确定"按钮，弹出如图 3-88 所示的提示对话框，关闭该对话框，完成封装的分配。

图 3-87 "分配新的 PCB 封装"对话框　　　　　图 3-88 提示对话框

6）打开"常规"选项卡，在"元件统计数据"选项区域内显示元件的管脚数、封装名及门数，如图 3-89 所示。

图 3-89 元件信息

4. 编辑部件 A

单击"元件编辑"工具栏中的"编辑图形"按钮，弹出"选择门封装"对话框，在"门"下拉列表框中选择"Gate A"选项，如图 3-90 所示，单击"确定"按钮，进入编辑环境。

5. 绘制元件符号

1）单击"元件编辑"工具栏中的中的"封装编辑"工具栏，弹出"符号编辑"工具栏。

图 3-90 "选择门封装"对话框

2）单击"原理图编辑"工具栏中的"创建 2D 线"按钮，绘制元件轮廓，结果如图 3-91 所示。

3）单击"符号编辑"工具栏中的"添加端点"按钮，弹出如图 3-92 所示的"管脚封装浏览"对话框，选择添加管脚的类型，依次在元件轮廓上单击，放置元件管脚，结果如图 3-93 所示。

图 3-91 元件轮廓　　　　　　图 3-92 "管脚封装浏览"对话框

4）由于放置的管脚默认编号为 0，因此双击放置好的管脚，在弹出的"端点特性"对话框中修改管脚编号，如图 3-94 所示，修改结果如图 3-95 所示。

图 3-93 元件外轮廓　　　　　　图 3-94 "端点特性"对话框

5）执行菜单栏中的"文件"→"返回至元件"命令，返回新建元件环境。

6. 编辑部件 B

1）单击"元件编辑"工具栏中的"编辑图形"按钮，弹出"选择门封装"对话框，在"门"下拉列表框中选择"Gate B"选项，如图 3-96 所示。

图 3-95 修改编号后的元件外轮廓　　　　图 3-96 "选择门封装"对话框

2）单击"确定"按钮，进入编辑环境，默认显示与部件 A 相同的轮廓与管脚，如图 3-97 所示。

3）单击"符号编辑"工具栏中的"更改编号"按钮，单击需要修改的编号，弹出"Pin Number"对话框，输入要修改的编号，修改结果如图3-98所示。

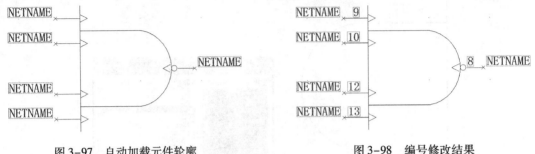

图3-97　自动加载元件轮廓　　　　　　　　　图3-98　编号修改结果

4）执行菜单栏中的"文件"→"返回至元件"命令，返回元件编辑环境，在编辑区中显示编辑完成的两个部件，即门A和门B，如图3-99所示。

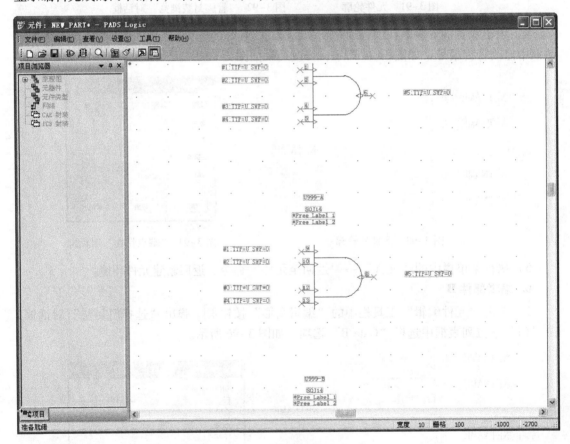

图3-99　编辑元件结果

7. 保存结果

单击"符号编辑器"工具栏中的"保存"按钮，弹出"将元件和门封装另存为"对话框，如图3-100所示，保存门A和门B后单击"确定"按钮关闭对话框即可。

图 3–100　"将元件和门封装另存为"对话框

第4章 原理图的绘制

本章主要介绍在 PADS Logic 图形界面中进行原理图设计，原理图中有两个基本要素，即元件符号和线路连接。绘制原理图的主要操作就是将元件符号放置在原理图图纸上，然后用线将元件符号中的引脚连接起来，建立正确的电气连接，如何将二者有机联系，对原理图设计有着至关重要的作用，需要读者学习、练习。

 知识点

- 文件管理
- 原理图分类
- 电器连接
- 编辑原理图

4.1 文件管理

PADS Logic 9.5 为用户提供了一个十分友好且易用的设计环境，它延续传统的 EDA 设计模式，各个文件之间互不干扰又互有关联。因此，要进行一个 PCB 电路板的整体设计，就要在进行电路原理图设计的时候，创建一个新的原理图文件。

本节将介绍有关文件管理的一些基本操作方法，包括新建文件、保存文件、打开文件等，这些都是进行 PADS Logic 9.5 操作的基础知识。

4.1.1 新建文件

1. 执行方式

1）菜单栏：文件→新建。

2）工具栏：标准→新建▯。

3）快捷键：〈Ctrl + N〉。

2. 操作步骤

1）执行该命令，系统创建一个新的原理图设计文件，如图 4-1 所示。

2）随着原理图文件的创建弹出"替换字体"对话框，如无特殊要求，单击"中止"按钮，关闭对话框，使用默认字体。

4.1.2 保存文件

1. 执行方式

1）菜单栏：文件→保存。

2）工具栏：标准→保存▯。

图 4-1　新建原理图文件

3）快捷键：〈Ctrl + S〉。

2. 操作步骤

1）执行上述命令后，若文件已命名，则 PADS 自动保存为以".sch"为后缀的文件；若文件未命名（即为默认名 default.sch），则系统打开"文件另存为"对话框（见图 4-2），用户可以命名保存。在"保存在"下拉列表框中可以指定保存文件的路径；在"文件类型"下拉列表框中可以指定保存文件的类型。

图 4-2　"文件另存为"对话框

2）为了防止因意外操作或计算机系统故障而导致正在绘制的图形文件丢失，可以对当前图形文件设置自动保存。

4.1.3　备份文件

1. 执行方式

菜单栏：工具→选项。

2. 操作步骤

1）执行上述命令，弹出"选项"对话框。单击"常规"选项，则系统进入"常规"参数设置界面，如图4-3所示。

图4-3　"常规"参数设置界面

2）在"间隔（分钟）"文本框中输入保存间隔，在"备份数"文本框中输入保存数。单击"备份文件"按钮，弹出窗口中的 PADS Logic（0~3）为默认的自动备份文件名。

4.1.4　新建图页

1. 执行方式

菜单栏：设置→图页。

2. 操作步骤

执行上述命令，弹出如图 4-4 所示的"图页"窗口。

从图 4-4 中可知，整个"图页"设置窗口可分为两大部分，具体介绍如下。

1. 图纸的命名

在窗口中的"已编号的图页"下可以对图纸进行排序，"否"为固定排序，不可以更改。同时，可以对每

图4-4　"图页"窗口

一张图纸进行命名，图纸的命名部分为可编辑区，可任意改动内容和交换命名。

2. 功能键部分

在窗口的右边一共提供了8个功能键，用于对图纸的命名进行编辑，具体介绍如下。

- 查看：当从窗口左边的命名区中选择某一张图纸时，可以利用此功能键查看该张图纸上的电路图情况。
- 上：当有了多张图之后，有时需要重新排列图纸的顺序，这种要求可能是查看方便或打印需要。按"上"或"下"按钮就可以自由地交换每一张图纸的相对顺序。
- 下：其功能参照"上"按钮。
- 重命名：可以对每张图纸的名称进行修改。
- 添加：当现有图纸不能完成整个设计的需求时，使用此增加功能添加新的图纸。PADS Logic 允许用户为一个原理图设置多达1024张图纸。
- 删除：对当前多余的图纸进行删除。
- 帮助：如果有不明白的地方，单击此按钮寻找所需答案。
- 关闭：单击此按钮，关闭对话框。完成添加图之后，在"项目浏览器"中会显示新添加的图纸，如图4-5所示，即当前为原理图新添加"Sheet 2"后的项目浏览器状态。单击"标准工具栏"中的选择图纸按钮，切换图纸，如图4-6所示。

图4-5　项目浏览器

图4-6　切换图纸

除了对图纸的适当设置可以给设计带来方便外，很多时候使用快捷键或快捷命令其实是最方便的。例如，在设计中，经常会改变当前显示图纸，一般情况下都是在工具栏中单击所需的图纸，但是图纸太多时就会显得太麻烦。这时如果使用快捷命名"Sh"就省事多了，如需要交换当前图纸到第5张，则输入"Sh 5"并按〈Enter〉键即可，当然也可以输入图纸名称，如"Sh PADS"。

4.1.5　打开文件

1. 执行方式

1）菜单栏：文件→新建。

2）工具栏：标准→新建 。

3）快捷键：〈Ctrl + O〉。

2. 操作步骤

执行上述命令，系统弹出"文件打开"对话框，打开已存在的设计文件，如图4-7所示。

图 4-7　打开原理图文件

4.2　原理图分类

随着电子技术的发展，所要绘制的电路越来越复杂，在一张图纸上很难完整地绘制出来，即使绘制出来也因为过于复杂而不利于用户的阅读分析与检测，也容易出错。

1. 按照结构分为一般电路与层次电路

层次电路采用层次化符号，与其他一般电路的主要区别是它将整个设计分成多张图纸进行绘制，而每张图纸的逻辑关系主要靠页间连接符来连接。

当一个电路比较复杂时，就应该采用层次电路图来设计，即将整个电路系统按功能划分成若干个功能模块，每一个模块都有相对独立的功能。按功能分，层次原理图分为顶层原理图和子原理图。然后，在不同的原理图纸上分别绘制出各个功能模块，再在这些子原理图之间建立连接关系，从而完成整个电路系统的设计。由顶层原理图和子原理图共同组成，这就是所谓的层次化结构，而层次化符号就是各原理图连接的纽带。

如图 4-8 所示为一个层次原理图的基本结构图。

针对每一个具体的电路模块，可以分别绘制相应的电路原理图，该原理图一般称为子原理图，而各个电路模块之间的连接关系则采用一个顶层原理图来表示。顶层原理图主要由若干个原理图符号即层次化纸符号组成，用来表示各个电路模块之间的系统连接关系，描述了整体电路的功能结构。这样就

图 4-8　层次原理图的基本结构图

把整个系统电路分解成了顶层原理图和若干个子原理图，以分别进行设计。

其中，子原理图是用来描述某一电路模块具体功能的普通电路原理图，只不过增加了一些页间连接符，作为与顶层原理图进行电气连接的接口。

2. 按照功能分为一般电路与仿真电路

仿真原理图指使用 LineSim 对输入的原理图进行信号完整性仿真，信号完整性原理图和通常所提到的逻辑原理图或 PCB 原理图不同，它既包含了电学信息，又包含物理结构信息。

4.3 电气连接

元器件之间电气连接的主要方式是通过导线来连接。导线是电路原理图中最重要也是用得最多的图元，它具有电气连接的意义，不同于一般的绘图工具，绘图工具没有电气连接的意义。

4.3.1 添加连线

导线是电气连接中最基本的组成单位，连接线路是电气设计中的重要步骤，当将所有元器件放置在原理图中时，按照设计要求进行布线，建立网络的实际连通性成为首要解决的问题。

从"标准工具栏"中单击"原理图编辑工具栏"按钮 ，单击打开"原理图编辑工具栏"，从工具栏中单击"添加连线"按钮 ，激活连线命令。

1）选择连线的起点，在选中管脚上单击鼠标左键，如图 4-9 所示。

2）选中连线起点后，在鼠标的十字光上会粘附着连线，移动鼠标，粘附连线会一起移动，如图 4-10 所示。当连线到终点元件引脚时，双击鼠标左键即可完成连线，结果如图 4-11 所示。

| 图 4-9　捕捉起点 | 图 4-10　移动鼠标 |

3）当需要拐角时，确定好拐角位置后单击鼠标左键即可，添加拐角后继续拖动鼠标，绘制连线，如图 4-12 所示。当不需要拐角时，单击鼠标右键，在弹出的快捷菜单中单击"删除拐角"命令即可，如图 4-13 所示。

| 图 4-11　完成连线 | 图 4-12　添加拐角 |

4）当需要绘制斜线时，确定好斜线位置后单击鼠标右键，在图 4-13 所示的右键快捷菜单中单击"角度"命令即可，图中显示斜向线，如图 4-14 所示，添加斜线后继续拖动鼠标，绘制连线。

图4-13 右键快捷菜单　　　　　　　图4-14 添加斜线

5）在连线过程中，如果在同一网络中需要相连的两条连线相交，则在连线过程中，将粘附在鼠标上的连线移动到需要相交连接的连线上单击鼠标左键，这时系统会自动增加相交节点，相交节点标志着这两条线的关系不仅相交且处于同一网络。

6）在相交节点上单击鼠标左键继续连线，当连线到终点元件引脚时，双击鼠标左键即可完成连线。

4.3.2　添加总线

在大规模的原理图设计中，尤其是在数字电路的设计中，如果只用导线来完成各元件之间的电气连接，那么整个原理图的连线就会显得杂乱而烦琐。原理图中，使用较粗的线条代表总线，而总线的运用可以大大简化原理图的连线操作，使原理图更加整洁、美观。

通常，总线总会由网络定义，会将多个信号定义为一个网络，而以总线名称开头，后面连接想用的数字，及总线各分支子信号的网络名，如图4-15所示。

1）单击"选择筛选条件"工具栏中的"总线"按钮 。再单击"原理图编辑"工具栏中的"添加总线"按钮 ，进入总线设计模式。

2）确定总线起点，在起点处单击鼠标左键。

3）移动鼠标，鼠标上黏附着可以随着鼠标移动方向不同而做相应变化的总线，将鼠标朝着自己所须总线形式的方向移动，这时可以单击鼠标右键，弹出如图4-16所示的快捷菜单。

图4-15　总线示意图　　　　　　　图4-16　编辑总线快捷菜单

从图 4-16 中可知，利用快捷菜单中的命令可以对总线增加和删除一个拐角的操作，但在实际设计中，当增加或删除一个拐角时靠快捷菜单来完成比较麻烦，只需在前一个拐角确定后单击一下鼠标左键就可以增加第二个拐角，将总线沿原路返回，当拐角消失后单击鼠标即可删除拐角。完成总线时双击鼠标左键即可。

4）当完成总线时，系统会自动弹出如图 4-17 所示的"添加总线"对话框。在对话框中要求输入总线名，且有格式提示，如果总线名输入存在格式错误，则系统会弹出提示窗口。

5）当输入总线名正确后总线名黏附于十字光标上，移动到适当的位置后单击鼠标左键确定，结果如图 4-18 所示。

图 4-17 "添加总线"对话框

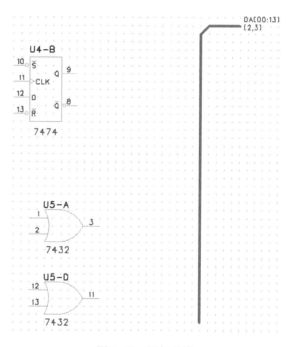

图 4-18 添加总线

4.3.3 添加总线分支

以上步骤完成了总线的绘制，下一步还要将各信号线连接在总线上，在连线过程中，如果需要与总线相交，则相交处为一段斜线段。

从"标准工具栏"中单击"原理图编辑工具栏"按钮，打开"原理图编辑工具栏"，从工具栏中单击"添加连线"按钮，激活连线命令。

1）单击总线连接处，弹出"添加总线网络名"对话框，在对话框中输入名称"DA00"，如图 4-19 所示。

2）此时，从引脚 10 引出的连线自动分配给总线，相交处自动添加一小段斜线，自动附着输入的网络名，标志着这两条线的关系不仅相交而且处于同一网络，如图 4-20所示。

图 4-19　输入网络名　　　　　　　　　　图 4-20　添加连接

3）单击"添加总线网络名"对话框中的"确定"按钮，完成连线，结果如图 4-21 所示。

图 4-21　完成连线

4）按照上述步骤可以完成总线连接。

4.3.4　添加页间连接符

在原理图设计过程中，页间连接符号用于在相同的页面或不同的页面之间进行元件引脚在同一网络中的连接。一个大的项目分成若干个小的项目文件进行设计，需要页间连接符进行连通，不管在同一页还是在不同的页，只要网络名相同，则就是同一网络。通过页间连接符就可以将不同页面的同一网络连接在一起。

当生成网表文件时，PADS Logic 自动地将具有相同页间连接符号的网络连接在一起。

1）单击"原理图编辑"工具栏中的"添加连线"按钮，执行连线操作。

2）移动光标，单击鼠标右键，弹出如图 4-22 所示的快捷菜单，单击"页间连接符"命令。

3）一个页间连接符黏附在鼠标十字光标上，可使用快捷键旋转(〈Ctrl + R〉)或镜像(〈Ctrl + F〉)页间连接符。

4）单击鼠标左键，放置页间连接符号。这时系统弹出"添加网络名"对话框，如图 4-23 所示，在图中输入网络名，单击"确定"按钮，关闭对话框，完成页间连接符的插入，结果如图 4-24 所示。

图 4-22　快捷菜单　　　　图 4-23　输入网络名　　　　图 4-24　插入了页间连接符

4.3.5 添加电源符号

电源和接地符号是电路原理图中必不可少的组成部分。为了使所绘制的原理图简洁明了，在连接线完成连接到电源或地线时使用一个特殊的符号（地线和电源符号）来结束，这样就可以使用地线符号将元件的引脚连接到地线网络，电源符号可以连接元件的引脚到电源网络。

1）单击"原理图编辑"工具栏中的"添加连线"按钮 ，选择 U2 的 15 脚。

2）当走出一段线后单击鼠标右键，弹出如图 4-25 所示的快捷菜单，从中选择电源，此时一个电源符号黏附在光标上。

图 4-25　选择"电源"选项及效果

3）单击鼠标右键，在弹出的快捷菜单中单击"备选"命令，如图 4-26 所示，切换出现的电源符号，可以按快捷键〈Ctrl + Tab〉循环各种各样的电源符号。单击鼠标左键确定，放置电源符号。同时，在左侧的"项目浏览器"中会显示该网络，如图 4-27 所示。

图 4-26　单击"备选"命令　　　　图 4-27　显示网络名称

4.3.6 添加接地符号

下面介绍如何放置接地符号连接。

1）单击"原理图编辑"工具栏中的"添加连线"按钮，选择 R5 的 2 脚。

2）当走出一段线后单击鼠标右键，在弹出的快捷菜单中单击"接地"命令，一个接地符号即黏附在光标上，如图 4-28 所示，单击鼠标左键，放置接地符号，如图 4-29 所示。

图 4-28 显示接地符号

3）如果需要将网络名称显示出来，则在快捷菜单中先单击"显示 PG 名称"命令，然后再单击"接地"符号进行放置，这时在接地符号旁边将显示网络字符GND，如图 4-30 所示。

图 4-29 放置接地符号

图 4-30 显示网络名称

4）为了连接 R5 的 2 脚到 GND，这时黏附在鼠标上的接地符号并不一定是所需的接地符号，所以必须单击鼠标右键，在弹出的快捷菜单中单击，"备选"命令，如图 4-31 所示。这时，出现的接地符号可能同样不是所需的接地符号，如图 4-32 所示。

图 4-31 快捷菜单

图 4-32 切换接地符号

5）可继续单击"备选"命令，也可按快捷键〈Alt + Tab〉循环各种各样的接地符号，直到所需符号出现为止。单击鼠标左键确定，放置接地符号。这时，连接到地的网络名称将出现在状态栏的左侧。

4.3.7 添加网络符号

在原理图绘制过程中，元件之间的电气连接除了使用导线外，还可以通过设置网络标签的方法来实现。所有连线都会被赋予一个固定的网络名称。

网络标签具有实际的电气连接意义，具有相同网络标签的导线或元件引脚不管在图上是否连接在一起，其电气关系都是连接在一起的。特别是在连接的线路比较远，或线路过于复杂，以致走线比较困难时，使用网络标签代替实际走线可以大大简化原理图。

执行菜单栏中的"工具"→"选项"命令，弹出"选项"对话框，如图4-33所示，打开"设计"选型卡，在"选项"选项区域内勾选"允许悬浮连线"复选框，单击"确定"按钮，关闭对话框。完成此设置后，在原理图中可以绘制悬浮连线。

图4-33 "选项"对话框

1）单击"原理图编辑"工具栏中的"添加连线"按钮，激活连线操作。

2）选中连线起点后，在鼠标的十字光上会黏附着连线，移动鼠标，黏附连线会一起移动，双击鼠标左键或按〈Enter〉键完成绘制，这些连线是浮动的，效果如图4-34所示。

3）双击连线，弹出如图4-35所示的"网络特性"对话框，勾选"网络名标签"复选框，连线被赋予一个默认的名称，如图4-36所示。

图4-34 绘制浮动连线

图4-35 "网络特性"对话框

图4-36 显示默认的网络名

4.3.8 添加文本符号

在绘制电路原理图时，为了增加原理图的可读性，设计者可以在原理图的关键位置添加文字说明，即添加文本符号。

1）单击"原理图编辑"工具栏中的"创建文本"按钮 ，弹出如图4-37所示的"添加自由文本"对话框。

2）在该对话框中输入要添加的文本内容，还可以设置文本的字体、样式和对齐方式等。

3）完成设置后，单击"确定"按钮，关闭对话框，进入文本放置状态，鼠标上附着一个浮动的文本符号。

4）拖动鼠标，在相应位置单击鼠标左键，将文本放置在原理图中，如图4-38所示。同时，继续弹出"添加自由文本"对话框，如需放置，可继续在对话框中输入文本内容；若无须放置，则单击"取消"按钮，或单击右上角的"关闭"按钮 ✕，关闭对话框即可。

图4-37 "添加自由文本"对话框   图4-38 放置文本符号

4.3.9 添加字段

在绘制电路原理图时，为了简化文本的修改，将文本设置成一个变量，无须重复修改文本，只需修改变量值即可，这种变量文本称为"字段"。下面介绍具体的操作方法：

1）单击"原理图编辑"工具栏中的"添加字段"按钮，弹出"添加字段"对话框。

2）在"名称"下拉列表框中选择已有的变量，也可自行设置变量名，输入变量值，如图4-39所示，还可设置变量的字体、样式和对齐方式等。

3）完成设置后，单击"确定"按钮，关闭对话框，进入字段放置状态，鼠标上附着一个浮动的字段符号。

4）拖动鼠标，在相应位置单击鼠标左键，将字段变量值放置在原理图中，如图4-40

所示。同时，继续弹出"添加字段"对话框，如需放置，可继续在对话框中输入变量名及变量值；若无须放置，则单击"取消"按钮，或单击右上角的"关闭"按钮❌，关闭对话框即可。

图 4-39　"添加字段"对话框

图 4-40　放置文本符号

4.3.10　添加层次化符号

层次化符号外轮廓包含方框和引脚（输入/输出），每一个层次化符号代表一张原理图，具体添加方法如下：

1）单击"原理图编辑"工具栏中的"新建层次化符号"按钮，弹出如图 4-41 所示的"层次化符号向导"对话框。

图 4-41　"层次化符号向导"对话框

2）在该对话框中显示层次化符号预览，右侧显示各选项设置参数：管脚参数（左侧为输入管脚，右侧为输出管脚），方框参数，输入管脚、输出管脚。读者可按照需求进行设置。然后，在右下角的"图页名称"文本框中输入层次化符号名称，即层次化符号所对应的子原理图名称。

3）按照图 4-42 所示设置好对话框中的各参数后，单击"确定"按钮，关闭对话框，进入"层次化符号"编辑状态，编辑窗口显示预览的层次化符号，如图 4-43 所示。

图 4-42　设置层次化符号

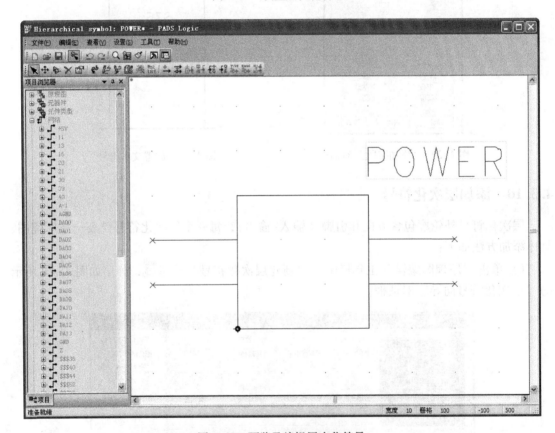

图 4-43　预览及编辑层次化符号

4）在该编辑窗口中通过"符号编辑工具栏"对层次符号进行编辑，如图 4-44 所示。

图 4-44　符号编辑工具栏

该工具栏主要包括以下几个功能。

①"设置管脚名称"按钮 ：单击该按钮，弹出"端点起始名称"对话框，输入管脚名称，如图4-45所示。

②"更改管脚类型"按钮 ：单击该按钮，弹出"管脚封装浏览"对话框，如图4-46所示。在对话框左侧显示管脚预览，有8种类型，如图4-47所示。在右侧的"管脚"列表框中选择管脚类型，单击"确定"按钮，关闭对话框，在对应管脚上单击，修改管脚类型。

图4-45 "端点起始名称"对话框　　　　图4-46 "管脚封装浏览"对话框

PIN　　　PINB　　　PCLK　　　PCLKB　　PINIEB　　PINORB　　PINSHORT　　PINVRTS

图4-47 8种管脚类型

③"增加端点"按钮 ：单击该按钮，弹出"管脚封装浏览"对话框，选择要新增加的管脚类型，单击"确定"按钮，退出对话框，十字光标上即附着浮动的管脚符号，在方块外侧单击，放置新增的管脚符号，结果如图4-48所示。

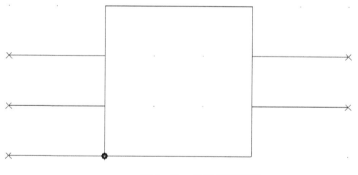

图4-48 放置管脚符号

🛈 注意

"新增端点"命令与在"新建层次化符号"中设置输入/输出管脚个数作用相同，进入层次化符号编辑器中后，层次化符号中的管脚位置也可以调整，直接拖动鼠标即可。

④ 修改管脚属性。双击管脚，弹出"端点特性"对话框，如图4-49所示，在该对话框编辑管脚属性。在"名称"文本框中输入要修改的名称，如图4-49所示。单击"更改封

装"按钮,可弹出"管脚封装浏览"对话框,修改管脚类型。单击"确定"按钮,退出对话框,完成管脚名称的修改。

设置管脚名称可采用以下几种方法:

- 单击"符号编辑"工具栏中的"设置管脚名称"按钮![icon],弹出"端点起始名称"对话框,输入名称,单击需要添加名称的管脚。
- 单击"符号编辑"工具栏中的"更改管脚名称"按钮![icon],单击需要修改的管脚,弹出"Pin Name(管脚名称)"对话框,如图4-50所示。

图4-49　"端点特性"对话框　　　　图4-50　"Pin Name(管脚名称)"对话框

- 双击管脚,弹出"端点特性"对话框。

5)执行菜单栏中的"文件"→"完成"命令,退出层次化符号编辑器,返回原理图编辑环境,此时十字光标上附着浮动的层次化符号,在原理图空白处单击,放置绘制完成的层次化符号。

4.4　编辑原理图

对于建立好的连线或由于原理上的需要而对原理图进行改动是很常见的,下面简单介绍各种电器连接方式的编辑方法。

4.4.1　编辑连线

在修改连线时,一定要先在工具栏中单击"选择"图标后再选择连线进行移动,否则无法执行移动操作。要对元件重新连接有以下两种方法:

- 单击"选择筛选条件"工具栏中的"删除"按钮![icon],单击需要删除的连线,删除此连线后重新建立连接线。
- 单击"原理图编辑"工具栏中的"选择"按钮![icon],单击需要修改连线的末端,则连线末端黏附在光标上,移动鼠标,最后在与新连接处双击鼠标即完成连线。

4.4.2　分割总线

绘制完成的总线并不是固定不变的,新绘一条总线时并非一次性绘好,有时需要对原理图进行修改等,这时往往是直接在原来总线的基础上进行修改。PADS Logic 在总线工具盒中提供了两种修改总线的工具,它们是分割总线和延伸总线。

1）单击"选择筛选条件"工具栏中的"总线"按钮 ，单击"原理图编辑"工具栏中的"分割总线"按钮 。

2）在总线上单击鼠标左键，移动鼠标，这时被分割部分的总线会随着鼠标的移动而变化，调整分割部分总线到适当的位置，单击完成分割修改过程，如图4-51所示。

3）分割总线的操作只有当单击总线的非连接处的主体时，分割功能才有效，当单击总线与各网络线的连接部分时，系统会弹出如图4-52所示的警告对话框以示提示。

图4-51　利用分割总线功能修改总线

图4-52　禁止分割总线提示

4.4.3　延伸总线

修改总线的第二种方式是运用"延伸总线"，顾名思义，延伸就是在原来的基础上进行一定的扩展，所以这个操作相对比较简单。

1）单击"选择筛选条件"工具栏中的"总线"按钮 ，单击"选择筛选条件"工具栏中的"延伸总线"图标 ，如图4-53所示。

图4-53　延伸总线修改前的总线

2）在图4-53中单击总线的端部，这时总线的端部会随着鼠标的移动而进行延伸变化，在总线延伸变化中可以增加总线拐角，当其延伸到适当位置后单击鼠标左键确定即可，如图4-54所示。

3）在运用延伸总线功能时要注意，延伸总线只是针对总线的两个端部。如果在延伸总线功能模式下单击总线非端部的部分，则操作无效。

图 4-54　延伸总线修改后的总线

4.4.4　编辑网络符号

所有连线都会被赋予一个固定的网络名称，也可通过相同的方式显示名称，图 4-55 显示了几种网络名的显示方法。

图 4-55　显示网络名的电气图

1）双击连线，弹出"网络特性"对话框，单击"统计数据"按钮，系统将与被选择网络有关的信息记录在 PADS Logic 设置的编辑器记事本中并弹出，如图 4-56 所示。

图 4-56　编辑网络符号

a)"网络特性"对话框　b)编辑器记事本

2）单击"属性"和"规则"按钮，可以改变网络的属性和被选网络的设计规则。查询修改完成后，单击"确定"按钮即可完成网络的查询与修改。

4.4.5　编辑文本符号

相对于元器件的查询与修改来讲，对文本的操作就简单得多。

选中文本文字，单击"原理图编辑"工具栏中的"特性"按钮 ，弹出如图4-57所示的"文本特性"对话框。

通过"文本特点"对话框中的"文本"文本框可以改变被选择文本文字的内容。

文本文字坐标（X：Y）的值如果不是在对文本文字有严格的坐标控制下，一般是不会在这里设置的，而是直接在设计中移动文本文字到适当的位置即可。

除此之外，还可以通过设置"线宽"和"尺寸"参数来改变被选择项文本文字的字体高度和文体线宽。

假如所选择的文本文字是一个与图形冻结而成的冻结体中的文本文字，则可以单击"父项"按钮而直接对这个冻结体中的图形进行查询与修改操作。而对于文本文字的方位正当化，一般都是通过直接移动文本文体来改变的。

图4-57　"文本特性"对话框

4.4.6　编辑字段符号

在任何时候都可以直接修改变量值，从而达到修改所有已使用字段的目的。

在原理图中放置文本，"字段"命令与"文本"命令，使用任何一种均可；若放置相同的文本，则在需要修改的过程中，修改一次"字段"参数，则其余相同的文本全部自动修改；普通文本则无此功能，需要逐个修改。

4.4.7　合并/取消合并

在设计过程中，根据需要有时可能会设计一些组合图形，如由一个圆、矩形和多边形组成的一个组合图形，另外在组合图形中可能还会有一些文本文字。由于这些组合体是由不同的绘制方式得来的，因此它们彼此是独立的，如果需要对其进行复制、删除和移动等，则希望把这个组合图形看成一个整体进行一次性操作，这样会带来很大的方便。

为了解决这个问题，PADS Logic采用了一种称为"合并"的方法，该功能允许将设计中的图形与图形、图形与文本文字进行冻结组合，这种冻结后的结果是将冻结体中如图形与文字看成一个整体，当进行复制、删除和移动等操作时都是针对这个整体而言来操作。

1. 合并

单击"原理图编辑"工具栏中的"合并/取消合并"按钮 ，或在"合并"右键快捷菜单中单击"合并"命令（见图4-58），完成冻结。

2. 取消合并

完成冻结后，点亮的所有对象都成为一个整体而一起移动，完成了冻结。下面介绍解除冻结的方法。

图4-58　"合并"菜单

选中冻结体后单击鼠标右键，在弹出的快捷菜单中单击"拆分"命令，即可完成解冻。

4.5 操作实例

通过前面章节的学习，读者对 PADS Logic 9.5 原理图编辑环境、原理图编辑器的使用都有了初步的了解，而且能够完成简单电路原理图的绘制。这一节从实际操作的角度出发，通过具体的实例来说明如何使用原理图编辑器来完成电路的设计工作。

4.5.1 计算机麦克风电路

计算机麦克风是一种非常实用的多媒体计算机外设。本实例是设计一个计算机麦克风电路原理图，并对其进行查错和编译操作。

计算机麦克风是一种具有录音功能的输入设备。使用计算机录入声音时，先由麦克风采集外界的声波信号，并将这些声波转换成电子模拟信号，经过电缆传输到声卡的麦克风输入端口，由声卡将模拟信号转换成数字信号，再转由 CPU 进行相应的处理。

1. 设置工作环境

1）单击 PADS Logic 图标 ，打开 PADS Logic 9.5。

2）执行菜单栏中的"文件"→"新建"命令或单击"标准"工具栏中的"新建"按钮 ，新建一个原理图文件。

3）单击"标准"工具栏中的"保存"按钮 ，输入原理图名称"Computer Microphone"，保存新建的原理图文件。

2. 库文件管理

1）执行菜单栏中的"文件"→"库"命令，弹出如图 4-59 所示的"库管理器"对话框。

2）单击"管理库列表"按钮，弹出如图 4-60 所示的"库列表"对话框，显示在源文件路径下加载的库文件。

图 4-59 "库管理器"对话框

图 4-60 "库列表"对话框

3. 增加元件

1）单击"原理图编辑"工具栏中的"添加元件"按钮，弹出"从库中添加元件"对话框，在"筛选条件"选项区域内的"库"下拉列表框中选择"PADS"选项，选择三极管元件"2N3904"，如图4-61所示。

2）单击"添加"按钮，弹出如图4-62所示的"Question"对话框，输入元件前缀"Q"，单击"确定"按钮，关闭对话框。

图4-61　"从库中添加元件"对话框1　　　　　图4-62　"Question"对话框

此时元件的映像附着在光标上，移动光标到适当的位置，单击鼠标左键，将元件放置在当前光标的位置上，如图4-63所示。

3）在"库"下拉列表框中选择"PADS"选项，在"项目"列表框中选择电源元件"BATTERY"，如图4-64所示。单击"添加"按钮，将元件放置在原理图中。

图4-63　放置三极管元件　　　　　图4-64　"从库中添加元件"对话框2

4）在"库"下拉列表框中选择"PADS"选项，在"项目"列表框中选择麦克风元件"MIC2"，如图4-65所示。单击"添加"按钮，将元件放置在原理图中。

5）在"库"下拉列表框中选择"PADS"选项，在"项目"列表框中选择电阻元件"RES2"，单击"添加"按钮，将元件放置在原理图中。

图4-65　"从库中添加元件"对话框3

图4-66　"从库中添加元件"对话框4

6）在"筛选条件"选项区域内的"库"下拉列表框中选择"MISC"选项，在"项目"列表框中输入关键词元件"＊CAP＊"，单击"应用"按钮，在"项目"列表框中显示电容元件，选择电容元件"CAP-CC05"开放置在原理图中，如图4-67所示。

7）在"项目"列表框中选择极性电容元件"CAP-B6"并放置在原理图中，如图4-68所示。

图4-67　"从库中添加元件"对话框5

图4-68　"从库中添加元件"对话框6

8）关闭"从库中添加元件"对话框，完成所有元件放置，元件放置结果如图4-69所示。

9）由于元件参数出现叠加，无法看清元件，因此需要进行简单修改。选中所有元件，单击鼠标右键，在弹出的快捷菜单中单击"特性"命令，弹出"元件特性"对话框，如图4-70所示。

10）单击"可见性"按钮，弹出"元件文本可见性"对话框，如图4-71所示，在"项目可见性"选项区域内勾选"参考编号"与"元件类型"复选框。单击"确定"按钮，关闭对话框。单击"关闭"按钮，关闭"元件特性"对话框。

图 4-69 元件放置结果

图 4-70 "元件特性"对话框

图 4-71 "元件文本可见性"对话框

11）按照电路要求，对元件进行布局，方便后期进行布线和放置原理图符号，除了对元件进行移动操作外，必要时，还需对元件进行翻转、X 镜像、Y 镜像，布局结果如图 4-72 所示。

4. 编辑元件属性。

1）双击元件 Q3，弹出"元件特性"对话框，如图 4-73 所示，在"参考编号"选项区域内单击"重命名元件"按钮，弹出"重命名元件"对话框，在文本框中输入元件编号"B1"，如图 4-74 所示。单击"确定"按钮，完成参考编号的设置。单击"关闭"按钮，关闭"元件特性"对话框。

图 4-72　元件布局结果

图 4-73　"元件特性"对话框 1

图 4-74　"重命名元件"对话框

2）双击元件 Q1，弹出"元件特性"对话框，如图 4-75 所示，单击"可见性"按钮，弹出"元件文本可见性"对话框，在"项目可见性"选项区域内取消勾选"元件类型"复选框，在"属性"列表框中勾选"Comment"复选框，如图 4-76 所示，单击"确定"按钮，关闭该对话框，返回"元件属性"对话框。

3）单击"属性"按钮，弹出"元件属性"对话框，在"属性"选项区域内修改"Comment"的值为"BC413B"，如图 4-77 所示。

4）单击"确定"按钮，关闭该对话框，完成属性设置。单击"关闭"按钮，关闭"元件特性"对话框。

5）双击元件 R1，弹出"元件特性"对话框，单击"可见性"按钮，弹出"元件文本可见性"对话框，在"项目可见性"选项区域内取消勾选"元件类型"复选框，在"属性"列表框中勾选"Value"复选框，如图 4-78 所示，单击"确定"按钮，关闭该对话框，返回"元件属性"对话框。

图 4-75　"元件特性"对话框 2

图 4-76　"元件文本可见性"对话框

图 4-77　"元件属性"对话框 1

6）单击"属性"按钮，弹出"元件属性"对话框，修改"Value（值）"的值为"4.7K"，如图 4-79 所示。单击"确定"按钮，关闭对话框。

图 4-78　"元件可见性"对话框

图 4-79　"元件属性"对话框 2

7）使用同样的方法设置其余元件，完成元件显示设置，编辑结果如图4-80所示。

图4-80　元件属性编辑结果

5. 布线操作

1）单击"原理图编辑"工具栏中的"添加连线"按钮 ▨，进入连线模式，进行连线操作。在交叉处若有电气连接，则需在相交处单击，显示节点，表示有电气连接，若不在交叉处单击，则不显示节点，表示无电气连接，布线结果如图4-81所示。

图4-81　布线结果

2）单击"原理图编辑"工具栏中的"添加连线"按钮 ▨，进入连线模式，拖动光标到适当位置，单击鼠标右键，在弹出的快捷菜单中单击"接地"命令，光标上显示浮动的接地符号，单击左键，放置接地符号，结果如图4-82所示。

图 4-82　添加连线结果

3）单击"原理图编辑"工具栏中的"添加连线"按钮
，进入连线模式，拖动光标到适当位置，单击鼠标右键，在
弹出的快捷菜单中单击"页间连接符"命令，光标上显示浮动
的接地符号，单击左键，放置页间连接符，弹出如图4-83所示
的"添加网络名"对话框，在"网络名"下拉列表框中输入
"NIFINPUT"，单击"确定"按钮，完成网络名的设置，添加结
果如图4-84所示。

图 4-83　"添加网络名"对话框

图 4-84　放置接地和电源符号

6. 保存原理图文件

原理图绘制完成后，单击"标准"工具栏中的"保存"按钮 🔳，保存绘制好的原理图文件。

7. 退出 PADS Logic

执行菜单栏中的"文件"→"退出"命令，退出 PADS Logic。

本实例主要介绍在原理图设计中经常遇到的一些知识点，包括查找元件及其对应元件库的载入和卸载、基本元件的编辑和原理图的布局与布线。

4.5.2　单片机最小应用系统电路

目前，绝大多数的电子应用设计都脱离不了单片机系统。本节将从实际操作的角度出发，通过一个具体的实例来说明如何使用原理图编辑器来完成电路的设计工作。

1. 设置工作环境

1）单击 PADS Logic 图标 🔳，打开 PADS Logic 9.5。

2）执行菜单栏中的"文件"→"新建"命令或单击"标准"工具栏中的"新建"按钮 🔳，新建一个原理图文件。

3）单击"标准"工具栏中的"保存"按钮 🔳，输入原理图名称"PIC"，保存新建的原理图文件。

2. 库文件管理

1）执行菜单栏中的"文件"→"库"命令，弹出如图 4-85 所示的"库管理器"对话框。

2）单击"管理库列表"按钮，弹出如图 4-86 所示的"库列表"对话框，显示在源文件路径下加载的库文件。

图 4-85　"库管理器"对话框

图 4-86　"库列表"对话框

3）单击"标准"工具栏中的"原理图编辑工具栏"按钮 🔳，打开"原理图编辑"工具栏。

3. 增加元件

1）单击"原理图编辑"工具栏中的"添加元件"按钮 ，弹出"从库中添加元件"对话框，在"筛选条件"选项区域内的"库"下拉列表框中选择"CPU"选项，在"项目"列表框中选择元件单片机芯片 P89C51RC2HFBD，如图 4-87 所示。

2）单击"添加"按钮，元件的映像附着在光标上，移动光标到适当的位置，单击鼠标左键，将元件放置在当前光标的位置上。

3）在"库"下拉列表框中选择"CPU"选项，在"项目"列表框中选择地址锁存器元件"SN74LS373N"，如图 4-88 所示。单击"添加"按钮，将元件放置在原理图中。

图 4-87 "从库中添加元件"对话框 1

图 4-88 "从库中添加元件"对话框 2

4）在"筛选条件"选项区域内的"库"下拉列表框中选择"所有库"选项，在"项目"列表框中输入关键词"＊MCM6264＊"，单击"应用"按钮，在"项目"列表框中显示符合条件的元件，如图 4-89 所示。选择数据存储器元件"MCM6264P"，单击"添加"按钮，将元件放置在原理图中。

图 4-89 "从库中添加元件"对话框 3

🕐 注意

在单片机的应用系统中，时钟电路和复位电路是必不可少的。在本例中，采用一个石英晶振和两个匹配电容构成单片机的时钟电路，晶振频率是 20MHz。复位电路采用上电复位加手动复位的方式，由一个 RC 延迟电路构成上电复位电路，在延迟电路的两端跨接一个开关构成手动复位电路。因此，需要放置的外围元件包括两个电容、两个电阻、1个极性电容、1个晶振、1个复位键。

5）在"筛选条件"选项区域内的"库"下拉列表框中选择"所有库"选项，在"项目"列表框中输入关键词元件"＊CAP＊"，单击"应用"按钮，在"项目"列表框中显示电容元件，选择电容元件"CAP－CC05"，将元件放置在原理图中，如图4-90所示。

6）选择极性电容元件"CAP－C6"，将元件放置在原理图中，如图4-91所示。

图4-90 "从库中添加元件"对话框4   图4-91 "从库中添加元件"对话框5

7）在"筛选条件"选项区域内的"库"下拉列表框中选择"所有库"选项，在"项目"列表框中输入关键词元件"＊XTAL＊"，单击"应用"按钮，在"项目"列表框中显示元件，选择晶振体元件"XTAL1"，将元件放置在原理图中，如图4-92所示。

8）在"筛选条件"选项区域内的"库"下拉列表框中选择"所有库"选项，在"项目"列表框中输入关键词元件"＊RES＊"，单击"应用"按钮，在"项目"列表框中显示符合条件的元件，选择电阻元件"RES－1W"，将元件放置在原理图中，如图4-93所示。

图4-92 "从库中添加元件"对话框6   图4-93 "从库中添加元件"对话框7

9）在"筛选条件"选项区域内的"库"下拉列表框中选择"所有库"选项，在"项目"列表框中输入关键词元件"＊SW＊"，单击"应用"按钮，在"项目"列表框中显示符合条件的元件，选择开关元件"SW－SPST－NO"，将元件放置在原理图中，如图4-94所示。

图 4-94 "从库中添加元件"对话框 8

10）关闭"从库中添加元件"对话框，完成所有元件的放置，结果如图 4-95 所示。

图 4-95 元件放置结果

11）按照电路要求，对元件进行布局，以方便后期布线和放置原理图符号。除了对元件进行移动操作外，必要时，还需对元件进行翻转、X 镜像、Y 镜像，元件布局结果如图 4-96 所示。

图 4-96 元件布局结果

图 4-96 元件布局结果（续）

4. 编辑元件属性

1）双击元件 U1 标签，弹出"参考编号特性"对话框，如图 4-97 所示。在"参考编号"文本框中输入元件编号"IC3"，单击"确定"按钮，完成参考编号的设置，结果如图 4-98 所示。

图 4-97 "参考编号特性"对话框

图 4-98 编辑编号结果

2）双击元件 C1，弹出如图 4-99 所示的"元件特性"对话框，单击"属性"按钮，弹出"元件属性"对话框，更改"Value（值）"的值为"30pF"，如图 4-100 所示。单击"确定"按钮，退出对话框。

图 4-99 "元件特性"对话框

图 4-100 "元件属性"对话框

3）使用同样的方法设置其余元件，完成元件显示的设置，结果如图 4-101 所示。

图 4-101　元件属性编辑结果

5. 布线操作

1）单击"原理图编辑"工具栏中的"添加总线"按钮，进入总线设计模式，拖动鼠标绘制总线。双击鼠标左键，完成总线绘制。系统自动弹出如图 4-102 所示的"总线特性"对话框。在对话框中要求输入总线名"PA[00:04]"，单击"确定"按钮，关闭对话框。

图 4-102　"总线特性"对话框

ⓘ **注意**

由于网络名是从 00 开始的，因此 5 个网络结束名为 04。

2）总线名黏附于十字光标上，移动到适当的位置后单击鼠标左键确定，结果如图4-103所示。

图4-103　添加总线结果

3）使用同样的方法继续绘制总线，结果如图4-104所示。

图4-104　放置总线结果

4）单击"原理图编辑"工具栏中的"交换管脚"按钮，交换元件IC3中的管脚，将A8～A12按顺序排列在同一侧，以方便总线连接，如图4-105所示。

5）单击"原理图编辑"工具栏中的"添加连线"按钮，进入连线模式，拖动鼠标，在总线PA[00:04]位置上单击，在总线与导线间自动添加总线分支，同时弹出"添加总线网络名"对话框，自动显示网络名PA0，如图4-106所示。

图 4-105　交换管脚　　　　　　图 4-106　"添加总线网络名"对话框

继续连接其余总线，结果如图 4-107 所示。

图 4-107　放置总线分支

6）单击"原理图编辑"工具栏中的"添加连线"按钮 ，进入连线模式，在需要放置页间连接符的位置单击鼠标右键，在弹出的快捷菜单中单击"页间连接符"命令，显示浮动页间连接符图标，选择单击左键放置页间连接符，弹出"添加网络名"对话框，输入"X1"，如图 4-108 所示，单击"确定"按钮，完成页间连接符的放置，结果如图 4-109 所示。

图 4-108　"添加
网络名"对话框

图 4-109　放置页间连接符

7）单击"原理图编辑"工具栏中的"添加连线"按钮 ![icon]，进入连线模式，单击鼠标右键，在弹出的快捷菜单中单击"接地"命令，放置接地和电源符号，结果如图 4-110 所示。

图 4-110　放置接地和电源符号

8）单击"原理图编辑"工具栏中的"添加连线"按钮 ![icon]，进入连线模式，进行剩余连线操作，结果如图 4-111 所示。

图 4-111　连线操作结果

6. 保存原理图文件

原理图绘制完成后，单击"标准"工具栏中的"保存"按钮 ![icon]，保存绘制好的原理图文件。

7. 退出 PADS Logic

执行菜单栏中的"文件"→"退出"命令，退出 PADS Logic。

在本例中，重点介绍了总线的绘制方法。总线需要有总线分支和网络标签来配合使用。

总线的适当使用，可以使原理图更规范、整洁和美观。

4.5.3 触发器电路

触发器电路由逻辑门元件组合而成，控制时钟信号。本例通过对触发器电路的绘制，详细介绍如何快速得到所需元件，以在电路图设计过程中节省更多的时间。

1. 设置工作环境

1）单击 PADS Logic 图标 , 打开 PADS Logic 9.5。

2）单击"标准"工具栏中的"新建"按钮 , 新建一个原理图文件。

3）单击"标准"工具栏中的"保存"按钮 , 输入原理图名称"TTL.sch", 保存新建的原理图文件。

4）执行菜单栏中的"文件"→"库"命令，弹出"库管理器"窗口，单击"管理库列表"按钮，弹出"库列表"对话框，单击"添加"按钮，在源文件路径下选择库文件"PADS.pt9"并加载到库列表中。

2. 增加元件

1）单击"原理图编辑"工具栏中的"添加元件"按钮 , 弹出"从库中添加元件"对话框，在元件库"CPU.pt9"中选择"SN74LS373N"选项，如图 4-112 所示。

2）单击"添加"按钮，此时元件的映像附着在光标上，移动光标到适当的位置，单击鼠标左键，将元件放置在当前光标的位置上，按〈ESC〉键结束放置，元件标号默认为 IC1 和 IC2, 如图 4-113 所示。

图 4-112 "从库中添加元件"对话框

图 4-113 放置元件

3. 编辑元件

由于元件库中没有所需元件 SN74LS273 和 SN74LS374, 但这两个元件外形与 SN74LS373N 相似，因此可直接在该元件的基础上进行修改，以节省时间。

1）选中 IC1, 单击鼠标右键，在弹出的快捷菜单中单击"编辑元件"命令，如图 4-114 所示，进入元件编辑环境，如图 4-115 所示。

2）单击"元件编辑"工具栏中的"编辑图形"按钮 , 弹出提示对话框，单击"确定"按钮，进入绘制环境。

3）单击"符号编辑"工具栏中的"更改管脚名称"按钮 , 弹出"Pin Name"对话框，在该对话框中输入要修改的管脚名称，继续单击管脚，结果如图4-116所示。

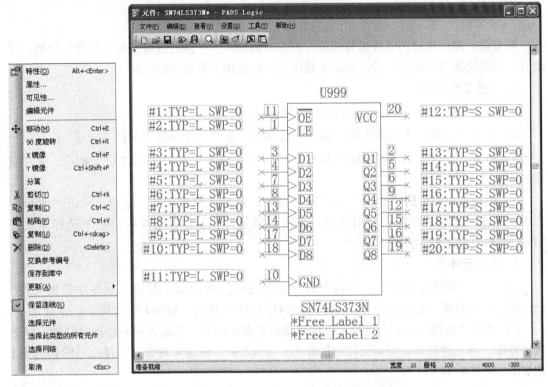

图4-114 快捷菜单 　　　　　　　图4-115 元件编辑环境

4）单击"符号编辑"工具栏中的"更改管脚封装"按钮，弹出"管脚封装浏览"对话框，选择要修改的管脚的类型，结果如图4-117所示。

图4-116 设置管脚名称 　　　　　　图4-117 修改管脚类型

5）执行菜单栏中的"文件"→"返回至元件"命令，退出元件绘制环境，返回元件编辑环境。

6）单击"元件编辑"工具栏中的"编辑电参数"按钮 ，弹出"元件的元件信息"对话框，在"逻辑系列"选项区域内的下拉列表框中选择新建的"TTL"系列，参考前缀为"U"，如图4-118所示。单击"确定"按钮，关闭对话框。

图4-118　"元件的元件信息"对话框

7）执行菜单栏中的"文件"→"另存为"命令，弹出如图4-119所示的"将元件和门封装另存为"对话框，输入元件名"SN74LS273"。

8）单击"确定"按钮，关闭对话框，返回原理图编辑环境。系统自动弹出提示对话框，如图4-120所示，提示是否将元件替换成修改后的元件，单击"是"按钮，完成替换。

图4-119　"将元件和门封装另存为"对话框

图4-120　提示对话框

9）双击替换后的元件IC1，弹出"元件特性"对话框，单击"重命名元件"按钮，弹出如图4-121所示的"重命名元件"对话框，输入新元件名称U1。

10）单击"确定"按钮，完成元件编号的修改，返回"元件特性"对话框，如图4-122所示。单击"确定"按钮，关闭对话框，修改结果如图4-123所示。

图 4-121 "重命名元件"对话框 图 4-122 "元件特性"对话框

11）使用同样的方法设置 IC2 元件为 U2，修改结果如图 4-124 所示。

图 4-123 元件 IC1 修改结果

图 4-124 元件 U1 和 U2 修改后的整体布局结果

4. 布线操作

1）单击"原理图编辑"工具栏中的"添加总线"按钮 ，进入总线设计模式，拖动鼠标绘制总线，输入总线名"D[01:08]"，结果如图 4-125 所示。

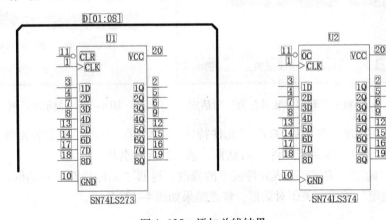

图 4-125 添加总线结果

2）单击"原理图编辑"工具栏中的"添加连线"按钮，进入连线模式，拖动鼠标，在总线 D[01：08]位置上单击，在总线与导线间自动添加总线分支，同时弹出"添加总线网络名"对话框，自动显示网络名 D01，继续连接其余总线，结果如图 4-126 所示。

图 4-126　放置总线分支

3）单击"原理图编辑"工具栏中的"添加连线"按钮，进入连线模式，在管脚处单击，向右拖动光标，在适当位置双击或按〈Enter〉键，绘制悬浮线，结果如图 4-127 所示。

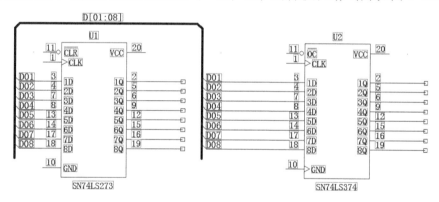

图 4-127　绘制悬浮线

4）双击悬浮线，弹出"网络特性"对话框，在"网络名"下拉列表框中输入新的网络名，勾选"网络名标签"复选框，如图 4-128 所示，单击"确定"按钮，关闭对话框，继续修改其余悬浮线的网络名。

🛈 注意

在输入相同的网络名时，将弹出如图 4-129 所示的提示对话框，提示是否合并网络，单击"是"按钮，合并两个不相连的导线，相同网络名的导线完成实际意义上的"电气连接"，作用与连接的导线和页间连接符等相同。

5. 保存原理图文件

原理图绘制完成后，单击"标准"工具栏中的"保存"按钮，保存绘制好的原理图文件。

6. 退出 PADS Logic

执行菜单栏中的"文件"→"退出"命令，退出 PADS Logic。

图 4-128 "网络特性"对话框

图 4-129 提示对话框

4.5.4 停电来电自动告知电路

本例设计的是一个由集成电路构成的停电来电自动告知电路图，适用于需要提示停电和来电的场合。VT1、VT5、R3 组成了停电告知控制电路；IC1、D1 等构成了来电告知控制电路；IC2、VT2、LS2 为报警声驱动电路。

1. 设置工作环境

1）单击 PADS Logic 图标 ，打开 PADS Logic 9.5。

2）执行菜单栏中的"文件"→"新建"命令或单击"标准"工具栏中的"新建"按钮 ，新建一个原理图文件。

3）单击"标准"工具栏中的"保存"按钮 ，输入原理图名称"Call automatically inform the blackout. sch"，保存新建的原理图文件。

2. 库文件管理

1）执行菜单栏中的"文件"→"库"命令，弹出如图 4-130 所示的"库管理器"窗口。

2）单击"管理库列表"按钮，弹出如图 4-131所示的"库列表"对话框，显示在源文件路径下加载的库文件。

3. 增加元件

1）在"库"下拉列表框中选择"PADS"选项，在"项目"列表框中选择电源元件"UM66"，如图 4-132所示。单击"添加"按钮，弹出提示对话框，输入前缀"IC"，将元件放置在原理图中。

2）在"库"下拉列表框中选择"PADS"选项，在"项目"列表框中选择门铃元件"BELL"，如图 4-133所示。单击"添加"按钮，提示输入元件前缀"LS"，将元件放置在原理

图 4-130 "库管理器"对话框

130

图中。

3）在"库"下拉列表框中选择"PADS"选项，在"项目"列表框中选择扬声器元件"SPEAKER"，如图4-134所示。单击"添加"按钮，将元件放置在原理图中。

图4-131 "库列表"对话框

图4-132 "从库中添加元件"对话框1

图4-133 "从库中添加元件"对话框2

图4-134 "从库中添加元件"对话框3

4）在"库"下拉列表框中选择"PADS"选项，在"项目"列表框中选择电源元件"BATTERY"，如图4-135所示。单击"添加"按钮，将元件放置在原理图中。

5）在"库"下拉列表框中选择"PADS"选项，在"项目"列表框中选择光隔离器元件"OPTOISOLATOR1"，如图4-136所示。单击"添加"按钮，将元件放置在原理图中。

图4-135 "从库中添加元件"对话框4

图4-136 "从库中添加元件"对话框5

6）在"筛选条件"选项区域内的"库"下拉列表框中选择"所有库"选项，在"项目"文本框中输入关键词元件"∗2N∗"，单击"应用"按钮，在"项目"列表框中显示三极管元件，选择"2N3904"和"2N3906"，如图4-137和图4-138所示，将元件放置在原理图中。

图4-137　"从库中添加元件"对话框6　　　　　图4-138　"从库中添加元件"对话框7

7）在"库"下拉列表框中选择"misc"选项，在"项目"文本框中输入关键词元件"∗SW∗"，单击"应用"按钮，选择开关元件"SW – SPDT"，如图4-139所示。单击"添加"按钮，将元件放置在原理图中。

8）在"库"下拉列表框中选择"PADS"选项，在"项目"列表框中选择电桥元件"BRIDGE1"，如图4-140所示。单击"添加"按钮，将元件放置在原理图中。

图4-139　"从库中添加元件"对话框8　　　　　图4-140　"从库中添加元件"对话框9

9）在"库"下拉列表框中选择"所有库"选项，在"项目"文本框中输入关键词元件"∗DIO∗"，单击"应用"按钮，选择开关元件"DIODE"，如图4-141所示。单击"添加"按钮，将元件放置在原理图中。

10）在"库"下拉列表框中选择"PADS"，在"项目"列表框中选择电阻元件"RES2"，如图4-142所示。单击"添加"按钮，将元件放置在原理图中。

11）在"筛选条件"选项区域内的"库"下拉列表框中选择"misc"选项，在"项目"文本框中输入关键词元件"∗CAP∗"，单击"应用"按钮，在"项目"列表框中显示电容元件，选择电容元件"CAP – CC05"，如图 4–143 所示，将元件放置在原理图中。

图 4–141　"从库中添加元件"对话框 10

图 4–142　"从库中添加元件"对话框 11

12）在"项目"列表框中选择极性电容元件"CAP – B6"，如图 4–144 所示，将元件放置在原理图中。

图 4–143　"从库中添加元件"对话框 12

图 4–144　"从库中添加元件"对话框 13

13）关闭"从库中添加元件"对话框，完成所有元件的放置，元件放置结果如图 4–145 所示。

图 4–145　元件放置结果

图4-145 元件放置结果（续）

14）按照电路要求，对元件进行布局并编辑元件属性，以方便后期操作，结果如图4-146所示。

图4-146 元件布局结果

4. 布线操作

1）单击"原理图编辑"工具栏中的"添加连线"按钮 ，进入连线模式，进行连线操作。在交叉处若有电气连接，则需在相交处单击，显示节点，表示有电气连接；若不在交叉处单击，则不显示节点，表示无电气连接，布线结果如图4-147所示。

图4-147 布线结果

2）单击"原理图编辑"工具栏中的"添加连线"按钮 ，进入连线模式，拖动光标到适当位置，单击鼠标右键，在弹出的快捷菜单中单击"电源"命令，光标上显示浮动的电源符号，单击鼠标左键，放置接地符号，结果如图4-148所示。

3）单击"原理图编辑"工具栏中的"创建文本"按钮 ，弹出"添加自由文本"对话框。在"文本"文本框中输入要添加的文本内容"停电告知"，在"尺寸（点）"文本框中设置文本的字体大小为15，如图4-149所示。

图 4-148　放置接地符号

图 4-149　"添加自由文本"对话框

4）完成设置后，单击"确定"按钮，退出对话框，在相应位置单击鼠标左键，将文本放置在原理图中，结果如图 4-150 所示。

图 4-150　放置文本符号

5）原理图绘制完成后，单击"标准"工具栏中的"保存"按钮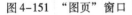，保存绘制好的原理图文件。

6）执行菜单栏中的"文件"→"退出"命令，退出 PADS Logic。

本例主要介绍了文本的放置，在电路的设计中，利用原理图编辑器所提供的绘图工具，还可以在原理图上创建并放置各种各样的图形和图片。这些注释的添加，可使读者更容易理解复杂的电路。

4.5.5 锁相环路电路

层次原理图的设计分为自上而下和自下而上两种方法。下面以系统提供的锁相环路电路图为例，介绍自上而下的层次原理图设计的具体步骤。

1. 自上而下

自上而下的层次电路原理图设计指先绘制出顶层原理图，然后将顶层原理图中的各个方块图对应的子原理图分别绘制出来。当采用这种方法设计时，首先要根据电路的功能把整个电路划分为若干个功能模块，然后把它们正确地连接起来。

（1）设置工作环境

1）单击 PADS Logic 图标，打开 PADS Logic 9.5。

2）执行菜单栏中的"文件"→"新建"命令或单击"标准"工具栏中的"新建"按钮，新建一个原理图文件。

3）单击"标准"工具栏中的"保存"按钮，输入原理图名称"PLl"，保存新建的原理图文件。

（2）图纸管理

1）执行菜单栏中的"设置"→"图页"命令，弹出如图 4-151 所示的"图页"窗口。

2）在"已编号的图页"选项区域内显示当前图页的默认名称，单击"重命名"按钮，修改当前图纸的名称为"TOP"，如图 4-152 所示。

图 4-151 "图页"窗口

图 4-152 修改当前图纸的名称

3）单击"原理图编辑"工具栏中的"新建层次化符号"按钮，弹出"层次化符号向导"对话框，在左侧显示层次化符号预览，右侧用于设置管脚个数，如图 4-153 所示。在右下角的"图页名称"文本框中输入层次化符号名称 TOP 及该符号所代表的子原理图名称。

图 4-153　设置层次化符号

4）单击"确定"按钮，退出对话框，进入"Hierarchical symbol：PD*（层次化符号）"编辑状态，编辑窗口显示预览的层次化符号，如图 4-154 所示。

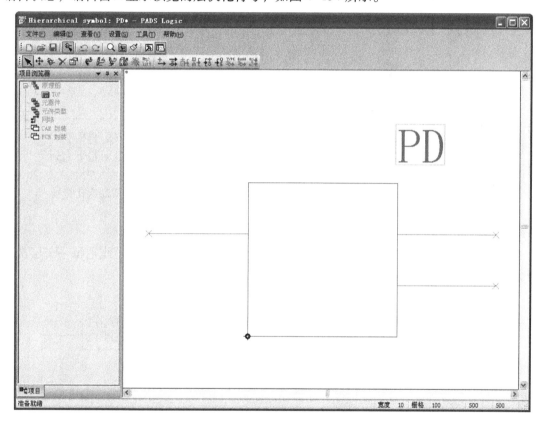

图 4-154　层次化符号编辑环境

5）单击"符号编辑"工具栏中的"设置管脚名称"按钮，弹出"端点起始名称"对话框，输入管脚名称"INPUT"，如图 4-155 所示。

6）单击"确定"按钮，退出对话框，在左侧最上方的管脚处单击，显示管脚名称"IN-PUT"；使用同样的方法，在右侧输出管脚上设置管脚名称"OUTPUT1"和"OUTPUT2"，如图 4-156 所示。

7）由于元件分布不均，出现叠加现象，因此单击"符号编辑"工具栏中的"修改 2D 线"按钮，在矩形框上单击，向右拖动矩形，调整结果如图 4-157 所示。

图 4-155 "端点起始名称"对话框

图 4-156 设置管脚名称

图 4-157 外形调整结果

8）执行菜单栏中的"文件"→"完成"命令，退出层次化符号编辑器，返回原理图编辑环境。在原理图空白处单击，放置绘制完成的层次化符号，如图 4-158 所示。

9）使用同样的方法放置另外两个层次化符号 LF 和 VCO，并设置好相应的管脚，如图 4-159 所示。

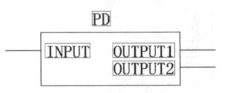

图 4-158 放置层次化符号

10）单击"原理图编辑"工具栏中的"添加连线"按钮，使用导线把每一个层次化符号上的相应管脚连接起来，如图 4-160 所示。

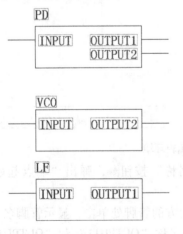

图 4-159 设置好的 4 个层次化符号

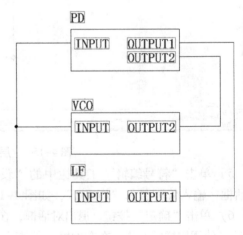

图 4-160 添加连线

至此，完成了顶层原理图的绘制。

在绘制原理图符号的过程中，在"项目浏览器"中会显示新添加的同名图纸，如图 4-161 所示。

（3）绘制子原理图

双击项目管理器中的图页 PD，打开该原理图，进入原理图编辑环境。

1）单击"原理图编辑"工具栏中的"添加元件"按钮 ，弹出"从库中添加元件"对话框，在该对话框中选择所需元件，并进行属性编辑与布局，结果如图 4-162 所示。

图 4-161　显示
新添加的同名图纸

图 4-162　布局结果

2）单击"原理图编辑"工具栏中的"添加连线"按钮 ，进入连线模式，进行连线操作，在交叉处若有电气连接，则需在相交处单击，显示节点，表示有电气连接；若不在交叉处单击，则不显示节点，表示无电气连接，布线结果如图 4-163 所示。

3）单击"原理图编辑"工具栏中的"添加连线"按钮 ，进入连线模式，拖动光标到适当位置，单击鼠标右键，在弹出的快捷菜单中单击"电源"命令，光标上显示浮动的电源符号，单击左键，放置接地符号，结果如图 4-164 所示。

4）单击"原理图编辑"工具栏中的"添加连线"按钮 ，进入连线模式，拖动光标到适当位置，单击鼠标右键，在弹出的快捷菜单中单击"页间连接符"命令，光标上显示浮动的接地符号，单击左键，放置页间连接符，弹出如图 4-165 所示的"添加网络名"对话框，在"网络名"下拉列表框中输入网络名"NIFINPUT"，单击"确定"按钮，完成网络名的设置，添加结果如图4-166 所示。

图 4-163　布线结果

图 4-164　放置接地符号

图 4-165　"添加网络名"对话框

图 4-166　子原理图 PD. sch

使用同样的方法绘制子原理图 LF. sch，绘制完成的子原理图如图 4-167 所示。

5）使用采用同样的方法绘制另一张子原理图 VCO. sch，绘制完成的子原理图如图 4-168 所示。

至此，完成了自上而下的层次原理图的绘制。

2. 自下而上

自下而上的层次原理图设计指先根据功能电路模块绘制出子原理图，然后由子图生成方块电路，组合产生一个符合自己设计需要的完整电路系统。

图 4-167　子原理图 LF. sch

图 4-168　子原理图 VCO. sch

（1）设置工作环境

1）执行菜单栏中的"文件"→"新建"命令或单击"标准"工具栏中的"新建"按钮，新建一个原理图文件。

2）单击"标准"工具栏中的"保存"按钮，输入原理图名称"PLI1"，保存新建的原理图文件。

（2）图纸管理

1）执行菜单栏中的"设置"→"图页"命令，弹出"图页"窗口，在"已编号的图页"选项区域内显示当前图页的名称，单击"重命名"按钮，修改当前图纸的名称为"TOP"，单击"添加"按钮，分别添加3个图页，如图4-169所示。

在"项目浏览器"中会显示新添加的图纸，如图4-170所示。

图 4-169 "图页"窗口 图 4-170 显示新添加的图纸

2）按照一般原理图的绘制方法，绘制 3 个子原理图，分别如图 4-171 ~ 图 4-173 所示。

图 4-171 子原理图 PD. sch

（3）绘制顶层原理图

打开"TOP"图页，进入原理图编辑环境。

1）单击"原理图编辑"工具栏中的"新建层次化符号"按钮，弹出"层次化符号

图 4-172　子原理图 LF. sch

图 4-173　子原理图 VCO. sch

向导"对话框，在"层次化图页"选项区域内的"图页编号"下拉列表框中选择子原理图
PD，如图 4-174 所示。

图 4-174　设置层次化符号

2）单击"确定"按钮，退出对话框，进入"Hierachical symbol：PD*（层次化符号）"编辑状态，显示代表该子原理图的层次符号，如图4-175所示。

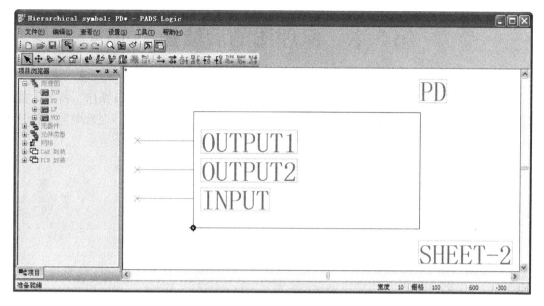

图4-175　层次化符号PD

3）执行菜单栏中的"文件"→"完成"命令，退出编辑状态，将该符号放置到原理图中的空白处。

4）使用同样的方法放置另外两个层次化符号LF和VCO，如图4-176所示。

5）单击"原理图编辑"工具栏中的"添加连线"按钮　，使用导线把每一个层次化符号上的相应引脚连接起来，如图4-177所示。

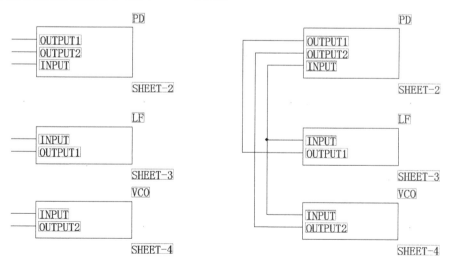

图4-176　层次化符号LF和VCO　　　　图4-177　添加连线

至此，完成了自下而上的层次原理图的绘制。

第5章 原理图的后续操作

PADS Logic 9.5 为原理图编辑提供了一些高级操作，掌握了这些高级操作，将大大提高电路设计的工作效率。本章将详细介绍这些高级操作，包括工具的使用、层次电路的设计和报表文件的生成等。

知识点

- 视图操作
- 报告输出
- 打印输出
- 生成网络表

5.1 视图操作

在设计原理图时，常常需要进行视图操作，如对视图进行缩放和移动等。PADS Logic 为用户提供了方便的视图操作功能，设计人员可根据自己的习惯选择相应的方式。

5.1.1 直接命令和快捷键

直接命令也称无模式命令，它的应用能够大大提高工作效率。在设计过程中有各种各样的设置，有的设置经常会随着设计的需要而变动，甚至在某一个具体的操作过程中也会多次改变。无模式命令通常用于那些在设计过程中经常需要改变的设置。

直接命令窗口是自动激活的，当从键盘上输入的字母是一个有效的直接命令的第一个字母时，直接命令窗口自动激活弹出，且不受任何操作模式的限制。输入完直接命令后按〈Enter〉键即可执行直接命令。

直接按键盘上的〈M〉键，弹出如图 5-1 所示的右键快捷菜单，可直接选择菜单上的命令进行操作。

直接按键盘中的快捷键 "S R1"，弹出 "无模命令" 对话框，如图 5-2 所示，按〈Enter〉键，在原理图中查找元器件 R1，并局部放大显示该元器件。

注意

在对话框中输入的命令里，"R1" 为元件名称，与前面的无模命令间有无空格均可。

快捷键允许通过键盘直接输入命令及其选项。PADS Logic 应用了大量的标准 Windows 快捷键，下面介绍两个常用的快捷键的功能。

- 〈Alt + F〉：用于显示文件菜单等命令。

图 5-1　右键快捷菜单　　　　　图 5-2　"无模命令"对话框

● 〈Esc〉键：可取消当前的命令和命令序列。

有关 PADS Logic 中所有快捷键的介绍请参考在线帮助，记住一些常用的快捷键可使设计变得快捷、方便。

5.1.2　缩放命令

有几种方法可以控制设计图形的放大和缩小。

使用两键鼠标可以打开和关闭缩放图标 。在缩放方式下，光标的移动将改变缩放的比例。使用三键鼠标时，中间键的缩放方式始终有效。

放大和缩小是通过将光标放在区域的中心，然后拖出一个区域进行的，具体缩放步骤如下。

1）在工具栏上单击"缩放"图标。如果使用三键鼠标，则直接跳到第2）步，使用中间键替代第2）步和第3）步中的鼠标左键。

2）放大：在希望观察的区域中心按住鼠标左键，向上拖动鼠标，即远离用户的方向。随着光标的移动，将出现一个动态的矩形，当这个矩形包含了希望观察的区域后，松开鼠标左键即可。

3）缩小：重复第2）步的内容，拖动的方向向下或向着用户的方向。一个虚线构成的矩形就是当前要观察的区域。

4）单击缩放方式图标结束缩放操作。

5.2　报告输出

在设计过程中，人为的错误在所难免（如逻辑连线连接错误或漏掉了某个逻辑连线的连接），而这些错误如果靠肉眼去寻找有时是不太可能的事，但可以从产生的设计报告中发现。

当完成了原理图的绘制后，需要当前设计的各类报告以便对此设计进行统计分析，诸如此类的工作都需要用到报告的输出。打开 PADS Logic 软件，在主菜单中选择"文件"，弹出下拉菜单，从下拉菜单中单击子菜单"报告"，然后弹出如图 5-3 所示的报告生成窗口。

图 5-3 报告输出

从图 5-3 中可知，在 PADS Logic 中可以输出 6 种不同类型的报告，即未使用、元件统计数据、网络统计数据、限制、连接性、材料清单。

1）单击图 5-3 中的"设置"按钮，弹出"材料清单设置"对话框，打开"属性"选项卡，显示原理图元件属性，如图 5-4 所示。

图 5-4 "属性"选项卡

对话框中各选项含义如下。

- 上：将选中的元器件属性上移。
- 下：将选中的元器件属性下移。
- 添加：添加元件属性。
- 编辑：编辑元件属性。
- 移除：移除元件属性。
- 重置：恢复默认设置。

2）打开"格式"选项卡，设置原理图分隔符和文件格式等，如图 5-5 所示。

3）打开"剪贴板视图"选项卡，显示元件详细信息，选择可进行复制操作的元件，如图 5-6 所示。

图 5-5　"格式"选项卡

图 5-6　"剪贴板视图"选项卡

了解了如何进行元件设置后，下面详细介绍 6 种不同类型的报告文件。

5.2.1　未使用情况报表

在生成报表时必须打开设计文件，否则生成的将是一张没有任何数据的空白报表，因为报表的数据来自于当前的设计。

执行菜单栏中的"文件"→"报告"命令，在弹出的"报告"窗口中勾选"未使用"复选框，单击"确定"按钮，弹出如图 5-7 所示的未使用项目报表，可以看到在该报表中包含 3 部分：

① 在报表的始端第 1 行（未使用项报告 –– Untitled –– Mon Oct 13 16：00：44 2014）中包含了报表的名称、设计文件名和报表生成的时间等信息。

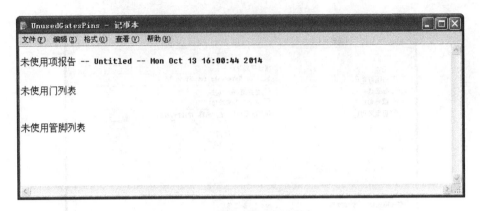

图 5-7　未使用情况报表格式

② 在报表的第 2 个信息栏（未使用门列表）下分别列出了当前设计中未使用的逻辑门，由于当前是空白原理图，因此没有内容。

③ 在报表的第 3 个信息栏（未使用管脚列表）下列出了当前设计中各元件未使用的元件脚，由于当前是空白原理图，因此没有内容。

产生报表的目的是从中发现当前设计中未利用的资源，以便能充分地利用。同时发现那些隐藏的错误，以及时纠正。

5.2.2　元件统计数据报表

对于一个新建的空白原理图文件，执行菜单栏中的"文件"→"报告"命令，在弹出的"报告"窗口中勾选"元件统计数据"复选框。

单击"确定"按钮，产生如图 5-8 所示的报表。由于原理图中没有任何内容，因此在该元件统计数据报表中只有报表的名称部分，也就是报表的开始端第 1 行（元件状态报告 ——Untitled ——Mon Oct 13 16:03:31 2014），其中包含了报表的名称、设计文件名和报表生成的时间等信息。

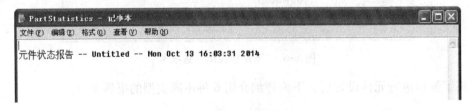

图 5-8　元件统计数据报表格式

元件统计数据报表的作用是通过有序的汇总方式总结当前设计中的所有元件的信息。

5.2.3　网络统计数据报表

对于一个新建的空白原理图文件，执行菜单栏中的"文件"→"报告"命令，在弹出的"报告"窗口中勾选"网络统计数据"复选框。

单击"确定"按钮，产生如图 5-9 所示的报表。由于原理图中没有任何内容，因此在该元件统计报表中只有报表的名称部分，也就是报表的开始端的第 1 行（网络状态报告 ——

Untitled -- Mon Oct 13 16:22:02 2014），其中包含了报表的名称、设计文件名和报表生成的时间等信息。

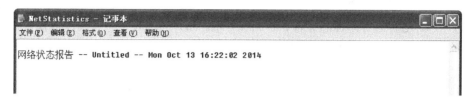

图5-9　网络统计数据报表格式

网络统计数据报表的作用是对当前设计中所有网络的属性及相互间的关系进行有序的统计。

5.2.4　限制报表

对于一个新建的空白原理图文件，执行菜单栏中的"文件"→"报告"命令，在弹出的"报告"窗口中勾选"限制"复选框。

单击"确定"按钮，则产生如图5-10所示的限制报表。

```
DesignLimits - 记事本
文件(F)  编辑(E)  格式(O)  查看(V)  帮助(H)

作业限制报告 -- Untitled -- Mon Oct 13 16:23:09 2014


项目类型                    已分配              已使用

图页                        1024                1
图页门/网络参考              2048                0

元件                         256                0
元件参数参考编号             1024                      0
元件参数名称                 2048                0

网络                         256                0
网络字符                    1024                235

其他                         988                988


------------- 下一图页编号  1 -------------

项目类型                    已分配              已使用

文本字符串                   128                68
文本字符                    1024                419
```

图5-10　限制报表格式

限制报表主要显示的是当前 PADS Logic 设计文件的各个项目（元件、网络和文本文字等）在系统中所能允许的最大数目和已经利用了的数目，这个最大的极限数目不但与当前设计的每一个项目数量有关，而且也决定于计算机系统本身的内存资源。

从输出的报表中可以知道，报表的第一部分显示了本系统可利用资源的极限值，但同时紧接着又显示了目前资源被利用的情况，这样使设计者可以对当前系统资源情况一目了然。表中第1部分第1列分别为各个项目对象，在表的第2列中列出了系统允许的极限值，以此相对应的第3列中列出了目前设计已经应用了的资源。

5.2.5 页间连接符报表

对于一个新建的空白原理图文件，执行菜单栏中的"文件"→"报告"命令，在弹出的"报告"窗口中勾选"连接性"复选框。

单击"确定"按钮确定，则产生如图5-11所示的页间连接符报表。由于原理图中没有任何内容，因此在该元件统计报表中只有报表的名称部分，也就是报表的开始端第1行（页间连接参考编号表和连接性错误报告 – Untitled – Mon Oct 13 16:24:23 2014），其中包含了报表的名称、设计文件名和报表生成的时间等信息。

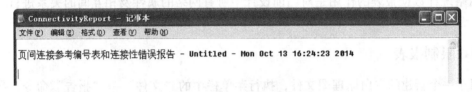

图5-11　页间连接符报表格式

页间连接符是在原理图设计过程中设置不同页为同一网络的一种连接方法，页间连接符报表能使用户通过报表中连接符的坐标迅速找到所需的连接符。

5.2.6 材料清单报表

对于一个新建的空白原理图文件，在"报告"窗口中单击"设置"按钮，弹出如图5-12所示的"材料清单设置"对话框。

图5-12　"材料清单设置"对话框

然后只勾选"报告"窗口中的"材料清单"复选框，然后单击"确定"按钮，则产生一个当前原理图的材料清单报表文件，如图5-13所示。

由于当前原理图中没有任何内容，因此在材料清单报表中只包含了以下两部分内容：

图 5-13 材料清单报表格式

- 材料清单报表的名称部分。
- 材料清单内容部分。

5.3 打印输出

原理图设计完成后，经常需要输出一些数据或图纸。本节将介绍原理图的报表打印输出。

PADS Logic 9.5 具有丰富的报表功能，可以方便地生成各种不同类型的报表。当电路原理图设计完成且经过报告输出检查后，应该充分利用系统所提供的这种功能来创建各种原理图的报表文件。借助于这些报表，用户能够从不同的角度，更好地掌握整个项目的设计信息，以便为下一步设计工作做好充足的准备。

为方便原理图的浏览和交流，经常需要将原理图打印到图纸上。PADS Logic 9.5 提供了直接将原理图打印输出的功能。

在打印之前首先进行打印设置。执行菜单栏中的"文件"→"打印预览"命令，弹出"选择预览"窗口，如图 5-14 所示。

图 5-14 "选择预览"窗口

1）单击"图页"按钮，预览显示为整个页面显示，如图5-15所示。单击"全局显示"按钮，则显示如图5-14所示的预览效果。

图5-15　图页显示

2）在"选定的图页"下拉列表框中选择需要打印设置的图页。

3）单击"选项"按钮，弹出"选项"对话框，如图5-16所示。

图5-16　"选项"对话框

下面详细介绍对话框中的各参数。

①"图页选择"选项区域包含"可用"和"要打印的图页"两个选项，其中"要打印

的图页"列表框中为正在设置和预览的图页，"可用"列表框中为还没有设置的图页。

- "添加"按钮：可将左侧选中的单个图页添加到右侧（一次只能选中一个选项）。
- "全部添加"按钮：可一次性将左侧所有选项添加到右侧。
- "移除"按钮：可将右侧选中的单个图页转移到左侧（一次只能选中一个选项）。
- "全部移除"按钮：可一次性将右侧所有选项添加到左侧。

🚫 注意

双击两侧选项组下图页选项，也可将图纸添加、移除到另一侧。

②"定位"选项区域用于调整图纸在整个编辑环境中的位置，主要包括方向、对齐、X偏移、Y偏移、缩放、接收方和预览。

③"项目"选项区域用于显示原理图的打印预览项目。

④"颜色选择"选项区域用于选择一种颜色应用在项目区域内打印的对象上。

⑤"其他选项"选项区域包括打印作业名称和打印窗口。

设置、预览完成后，单击"打印"按钮，打印原理图。

此外，执行菜单栏中的"文件"→"打印"命令，或单击"原理图标准"工具栏中的"打印"按钮🖨，也可以实现打印原理图的功能。

5.4 生成网络表

网络表主要是原理图中元件之间的链接。在进行 PCB 设计或仿真时，需要元件之间的链接，在 PADS Logic 中，可以为 PCB 生成网络表。

5.4.1 生成 SPICE 网表

SPICE 网络表主要用于电路的仿真，具体步骤如下：

1）执行菜单栏中的"工具"→"SPICE 网络表"命令，弹出如图 5-17 所示的"SPIC-Enet"对话框。

图 5-17 "SPICEnet"对话框

- 选择图页：可以在该列表框中选择需要输出网络表的原理图纸。
- 包含子图页：勾选此复选框，则输出原理图所包含的子页面的网络表。
- 输出格式：在该下拉列表框中，可以设置输出的 SPICE 网络表格式，有 intusoft ICAP/4 格式、Berkeley SPICE3 格式和 PSpice 格式。

2）单击"模拟设置"按钮，进入"模拟设置"对话框，如图 5-18 所示。通过该对话框可以设置 AC 分析（交流分析）、直流扫描分析和瞬态分析等。

- AC 分析：交流分析，使 SPICE 仿真器执行频域分析。
- 直流扫描分析：使 SPICE 仿真器在指定频率下执行操作点分析。
- 瞬态分析：使 SPICE 仿真器执行时域分析。

在该对话框中还可以设置操作点选项，设置 SPICE 仿真器以确定电路的直流操作点。

3）单击"AC 分析"按钮，弹出如图 5-19 所示的 AC 分析设置对话框。

图 5-18　"模拟设置"对话框

图 5-19　AC 分析设置对话框

①"间隔"选项区域。

- 点数：可以输入间隔的点数。
- 依据：包括 3 种变量，即"十年""Octave（八进制）"和"线性"。

②"频率"选项区域。

- 正在启动：输入仿真分析的起始频率。
- 结束：输入仿真分析的结束频率。

4）单击"直流扫描"按钮，弹出如图 5-20 所示的"直流源扫描分析"对话框。

- 源：可以输入电压或电流源的名称。
- 开始：可以输入扫描起始电压值。
- 结束：可以输入扫描终止电压值。
- 步骤：可以输入扫描的增量值。

5）单击"瞬态"按钮，弹出如图 5-21 所示的"瞬态分析"对话框。

图 5-20　"直流源扫描分析"对话框

图 5-21　"瞬态分析"对话框

①"次数"选项区域。

- 数据步骤时间：可以输入分析的增量值。
- 总分析次数：可以分析结束的时间。
- 启动时间录制数据：可以输入分析开始记录数据的时间，如果仿真文件过大，可以进行设置。
- 最大时间步长：可以输入的最大时间步长值。

②"使用初条件"复选框：勾选此复选框，则 SPICE 使用"IC =..."所设定的初始瞬态值进行瞬态分析，不再求解静态操作点。

6）完成 SPICE 网表输出参数设置后，单击"确定"按钮，即生成 SPICE 网络表文件".cir"，PADS Logic 9.5 随即打开一个包含 SPICE 网表信息的文本文件，如图 5-22 所示。

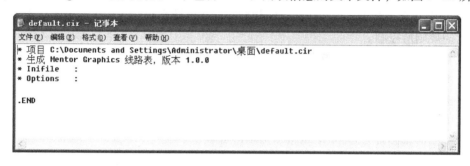

图 5-22　网络表文件

5.4.2　生成 PCB 网表

在设计 PCB 时，可以在 PADS Logic 中生成网表，然后将其导入到 PADS Layout 中进行布局布线。

在 PADS Logic 中，执行菜单栏中的"工具"→"PADS Layout"命令或单击"标准"工具栏中的"PADS Layout"图标，打开"PADS Layout 链接"对话框，如图 5-23 所示。

下面介绍"PADS Layout 链接"对话框中各个选项卡的功能。

1. "选择"选项卡

在此选项卡中选择需要输出网络表的原理图纸，如图 5-23 所示。

2. "设计"选项卡

"设计"选项卡如图 5-24 所示，具体介绍如下。

图 5-23　"PADS Layout 链接"对话框

图 5-24　"设计"选项卡

（1）"发送网表"按钮

通过它可以将原理图自动传到 PADS Layout 中，在传输网络表前可以在对话框的"文档"和"首选项"选项卡下进行一些相关的设置。

（2）"比较 PCB"按钮

在设计的过程中可以时时通过"比较 PCB"来观察当前的 PCB 设计是否与原理图设计保持一至，如果不一致，系统将会把那些不一致的信息记录在记事本中，然后弹出以供用户查阅。

（3）"同步 ECO 至 PCB"按钮

如果在原理图设计中定义了 PCB 设计过程中所必须遵守的规则（如线宽和线距等），那么可以通过"同步 ECO 至 PCB"（将规则传入 PCB 设计中）按钮将这些规则传送到当前的 PCB 设计中。在进行 PCB 设计时，如果将 DRC（设计规则在线检查）打开，那么设计操作将受这些规则所控制。

（4）"同步 PCB 至 ECO"按钮

这个按钮功能同以上介绍的功能按钮"同步 ECO 至 PCB"刚好相反，因为可能会在 PADS Layout 设计环境中去定义某些规则或修改在 PowerLogic 中定义的规则，那么可以通过"同步 PCB 至 ECO"（将规则从 PCB 反传回 ECO 中）按钮将这些规则反传送回当前的原理图设计中，使原理图具有与 PCB 相同的规则设置。

PADS Layout 与 PADS Logic 在进行数据传输时是双向的，任何一方的数据都可以实时传给对方，这有效地保证了设计的正确性，真正做到了设计即正确的最新设计概念。这在 EDA 领域实属一大创举，为 EDA 领域的板级设计树立了一个划时代的里程碑。

3. "文档"选项卡

"文档"选项卡如图 5-25 所示。

"文档"设置模式主要用来设置与 PADS Logic 中当前设计 OLE 所链接的 PCB 设计对象的路径和文件名，单击"新建"按钮可以在 PADS Layout 中重新建立一个新的链接对象。

4. "首选项"选项卡

"首选项"选项卡如图 5-26 所示。

图 5-25 "文档"选项卡

图 5-26 "首选项"选项卡

在图 5-26 中有两项参数可以设置，这些参数设置控制了在进行双向数据传输时所传输的数据，具体如下。

- 忽略未使用的管脚网络：如果勾选此复选框，那么必须在下面的"名称"文本框中输入此忽略未使用元件管脚的网络名。
- 包含属性：在此选项区域中有两个选项可供选择，即"元件"和"网络"两个复选

框。两者可以选其一也可全选，如勾选"元
件"复选框，则表示当 PADS Logic 与 PADS
Layout 进行数据同步或其他操作时需要包括元
件的属性。

5.　"ECO 名称"选项卡

"ECO 名称"选项卡如图 5-27 所示。

图 5-27　"ECO 名称"选项卡

5.5　操作实例

通过前面的学习，相信用户对 PADS 的后续操作有了一定的了解，这一节将通过具体的
实例来完整地讲述电路原理图的报表文件的输出和打印输出等。

5.5.1　汽车多功能报警器电路

本例要设计的是汽车多功能报警器电路，如图 5-28 所示，即当系统检测到汽车出现各
种故障时进行语音提示报警。其中，前轮视频信号需要进行数字处理，在每个语音组合中加
入 200 ms 的静音。过程如下：左前轮；右前轮；左后轮；右后轮；胎压过低；胎压过高；
请换电池；叮咚。本设计实例采用并口模式控制电路。

图 5-28　汽车多功能报警器电路

在本例中，主要学习原理图绘制完成后的原理图编译和打印输出。

1. 设置工作环境

1) 单击 PADS Logic 图标 ，打开 PADS Logic 9.5。

2) 执行菜单栏中的"文件"→"新建"命令或单击"标准"工具栏中的"新建"按钮 ，新建一个原理图文件。

3) 单击"标准"工具栏中的"保存"按钮 ，输入原理图名称"Automobile multi-function alarm. sch"，保存新建的原理图文件。

2. 库文件管理

执行菜单栏中的"文件"→"库"命令，弹出"库管理器"窗口。单击"管理库列表"按钮，弹出如图 5-29 所示的"库列表"对话框，显示在源文件路径下加载的库文件。

3. 增加元件

单击"原理图编辑"工具栏中的"增加元件"按钮 ，弹出"从库中添加元件"对话框，在"common. Pt9"元件库中找到 SO20MM 芯片，在"ti. Pt9"元件库中找到 54AS759 芯片，在"PADS. pt9"元件库中找到电阻 RES2 和扬声器元件 SPESKER，在"misc. pt9"元件库中找到二极管和电容等元件，放置在原理图中，设置结果如图 5-30 所示。

图 5-29 "库列表"对话框

图 5-30 元件放置结果

160

按照电路要求，对元件进行布局、属性编辑，布局结果如图 5-31 所示。

图 5-31　元件布局结果

4. 布线操作

1）单击"原理图编辑"工具栏中的"添加连线"按钮，进入连线模式，进行连线操作。在交叉处若有电气连接，则需在相交处单击，显示节点，表示有电气连接；若不在交叉处单击，则不显示节点，表示无电气连接，布线结果如图 5-32 所示。

图 5-32　布线结果

2）单击"原理图编辑"工具栏中的"添加连线"按钮，进入连线模式，拖动光标到适当位置，单击鼠标右键，在弹出的快捷菜单中单击"接地"和"电源"命令，单击左键，放置接地和电源符号，结果如图5-33所示。

图5-33　放置接地和电源符号

原理图绘制完成后，单击"标准"工具栏中的"保存"按钮，保存绘制好的原理图文件。

5. 打印预览

1）执行菜单栏中的"文件"→"打印预览"命令，弹出"选择预览"窗口，如图5-34所示。

图5-34　"选择预览"窗口

2）单击"图页"按钮，预览显示为整个页面显示，如图 5-35 所示。单击"全局显示"按钮，显示如图 5-34 所示的预览效果。

图 5-35　整个页面显示

连接好打印机后，单击"打印"按钮，即可打印原理图。

6. 文档输出

1）执行菜单栏中的"文件"→"生成 PDF"命令，弹出"文件创建 PDF"对话框，如图 5-36 所示。

图 5-36　"文件创建 PDF"对话框

2）单击"保存"按钮，弹出"生成 PDF"对话框，如图 5-37 所示。保持默认设置，单击"确定"按钮，自动显示如图 5-38 所示的 PDF 文件。

图 5-37 "生成 PDF"对话框

图 5-38 PDF 文件

5.5.2　看门狗电路

本例要设计的是看门狗电路，如图5-39所示，即当系统检测到有外来者闯入时进行语音提示报警。

图5-39　看门狗电路

1. 设置工作环境

1）单击PADS Logic图标 ![PADS Logic]，打开PADS Logic 9.5。

2）执行菜单栏中的"文件"→"新建"命令或单击"标准"工具栏中的"新建"按钮 ![]，新建一个原理图文件。

3）单击"标准"工具栏中的"保存"按钮 ![]，输入原理图名称"Guard Dog. sch"，保存新建的原理图文件。

2. 库文件管理

执行菜单栏中的"文件"→"库"命令，弹出"库管理器"窗口，单击"管理库列表"按钮，弹出如图5-40所示的"库列表"对话框，该对话框中可显示在源文件路径下加载的库文件。

3. 增加元件

1）单击"原理图编辑"工具栏中的"添加元件"按钮 ![]，弹出"从库中添加元件"对话框，在"筛选条件"选项区域内的"项目"文本框中输入"∗CD4060BC∗"，单击"应用"按钮，在"项目"列表框中即显示元件CD4060BC，如图5-41所示。

图5-40　"库列表"对话框

图5-41　"从库中添加元件"对话框

2）单击“添加”按钮，元件的映像将附着在光标上，移动光标到适当的位置，单击鼠标左键，将元件放置在当前光标的位置上。

3）在“PADS”库中选择电桥元件 Optoisolator1、电阻元件 RES2、芯片 IRF540S，在“misc”库中选择电容元件 CAP-0005，完成所有元件的放置，放置结果如图 5-42 所示。

图 5-42　元件放置结果

按照电路要求，对元件进行布局和属性编辑，结果如图 5-43 所示。

图 5-43　元件布局结果

4. 布线操作

1）单击“原理图编辑”工具栏中的“添加连线”按钮 ，进入连线模式，进行连线操作，布线结果如图 5-44 所示。

2）单击“原理图编辑”工具栏中的“添加连线”按钮 ，进入连线模式，拖动光标到适当位置，单击鼠标右键，在弹出的快捷菜单中单击“接地”命令，光标上显示浮动的接地符号，单击左键，放置接地符号，结果如图 5-45 所示。

3）单击“原理图编辑”工具栏中的“添加连线”按钮 ，进入连线模式，拖动鼠标到适当位置，单击鼠标右键，在弹出的快捷菜单中单击“页间连接符”命令，鼠标上显示浮动的接地符号，单击左键，放置页间连接符，弹出“添加网络名”对话框，在“网络名”文本框中输入网络名“INPUT”，单击“确定”按钮，完成网络名的设置，添加结果如图 5-46 所示。

图 5-44 布线结果

图 5-45 放置接地和电源符号

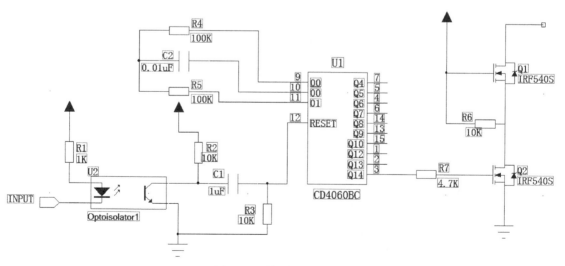

图 5-46 放置页间连接符

4）双击悬浮线，弹出"网络特性"对话框，输入网络名为 VOUT，勾选"网络标签名"复选框，如图 5-47 所示，单击"确定"按钮，完成网络设置，在该导线上显示网络名，结果如图 5-48 所示。

图 5-47 "网络特性"对话框

图 5-48 添加网络结果

5）原理图绘制完成后，单击"标准"工具栏中的"保存"按钮，保存绘制好的原理图文件。

5. 生成 PCB 网表

1）执行菜单栏中的"工具"→"Layout 网表"命令，弹出如图 5-49 所示的"网表到 PCB"对话框。

2）单击"确定"按钮，弹出生成的网表文本文件，如图 5-50 所示。

6. 生成报告文件

执行菜单栏中的"文件"→"报告"命令，弹出"报告"窗口，勾选"元件统计数据""网络统计数据"和"限制"3 个复选框，如图 5-51 所示。单击"确定"按钮，产生如图 5-52～图 5-54 所示的 3 种报表。

图 5-49 "网表到 PCB"对话框

图 5-50　生成网表文本文件

图 5-51　报告输出

图 5-52　元件统计报表

图 5-53　网络统计报表

图 5-54　限制报表

第6章 PADS印制电路板设计

本章主要介绍 PADS Layout 9.5 的初步设计。通过对本章的学习,读者可以对 PCB 的整个设计流程及每一个流程的主要功能有一个大概的了解,这对于刚开始学习 PCB 设计的用户来讲很有帮助。如果需要了解每一个流程中更多详细的情况,请参阅本书的其他相关章节。

 知识点

- PADS Layout 的设计规范
- PADS Layout 的设计流程

6.1 PADS Layout 9.5 的设计规范

6.1.1 概述

设计规范是什么?

简单地说,设计规范就是为了防止生产出废品而制定的一套设计规则。

为了防止不懂制造工艺的设计者设计出不合理的板子的最有效的方法,就是结合工艺、方法制定一套有章可循的设计标准。

6.1.2 设计流程

PADS Layout 的设计流程分为网表输入、规则设置、元器件布局、布线、复查和设计输出 6 个步骤。

1. 网表输入

网表输入有两种方法,一种是使用 PADS Logic 的 OLE 连接功能,选择"Layout 网表",应用 OLE 功能,可以随时保持原理图与 PCB 图一致,尽量减少出错的可能。另一种方法是直接在 PADS Layout 中装载网表,执行菜单栏中的"文件"→"导出"命令,将原理图生成的网表导入进来。

2. 规则设置

如果在原理图设计阶段就已经把 PCB 的设计规则设置好了,则不用再设置这些规则了,因为输入网表时,设计规则已随网表输入进入 PADS Layout 了。如果修改了设计规则,则必须同步原理图,以保证原理图和 PCB 图的一致。除了设计规则和层定义外,还有一些规则需要设置,如焊盘堆栈时,需要修改标准过孔的大小。如果设计者新建了一个焊盘或过孔,则一定要加上 Layer 25。

 注意

PCB 设计规则、层定义、过孔设置、CAM 输出设置已经做成默认启动文件，名称为 Default. stp，网表输入进来后，按照设计的实际情况，把电源网络和地分配给电源层和地层，并设置其他高级规则。在所有的规则都设置好以后，在 PADS Logic 中，使用 OLE PADS Layout 链接的功能，更新原理图中的规则设置，以保证原理图和 PCB 图的规则一致。

3. 元器件布局

网表输入后，所有的元器件都会放在工作区的零点，重叠在一起，下一步的工作就是把这些元器件分开，按照一定的规则摆放整齐，即元器件布局。PADS Layout 提供了两种方法，即手工布局和自动布局。

（1）手工布局

● 按照工具印制板的结构尺寸画出板边。

● 将元器件分散，元器件会排列在板边的周围。

● 把元器件一个一个地移动、旋转，放到板边以内，按照一定的规则摆放整齐。

（2）自动布局

PADS Layout 提供了自动布局和自动的局部簇布局，但对大多数的设计来说，效果并不理想，不推荐使用。

 注意

1）布局的首要原则是保证布线的布通率，移动元器件时注意飞线的连接，把有连线关系的元器件放在一起。

2）数字元器件和模拟元器件要分开，尽量远离。

3）去耦电容尽量靠近元器件的 VCC。

4）放置元器件时要考虑以后的焊接，不要太密集。

5）多使用软件提供的"排列"和"组合"功能，提高布局的效率。

4. 布线

布线的方式也有两种，即手工布线和自动布线。PADS Router 提供的手工布线功能十分强大，包括自动对齐和在线设计规则检查（DRC 设置），自动布线由 Specctra 的布线引擎进行，通常这两种方法配合使用，常用的步骤是"手工—自动—手工"。

（1）手工布线

● 自动布线前，先用手工布一些重要的网络，如高频时钟、主电源等，这些网络往往对走线距离、线宽、线间距、屏蔽等有特殊的要求；另外手工布一些特殊封装，如 BGA 等。

● 自动布线很难布得有规则，也要用到手工布线。

● 自动布线以后，还要用手工布线对 PCB 的走线进行调整。

（2）自动布线

手工布线结束以后，剩下的网络就交给自动布线器来自布。执行菜单栏中的"工具"→"自动布线"命令，启动布线器的接口，设置好 DO 文件，单击"继续"按钮就启动了 Specctra 布线器自动布线，结束后如果布通率为 100%，那么就可以开始手工调整布线了；如果不到 100%，则说明布局或手工布线有问题，需要调整布局或手工布线，直至全部布通为止。

（！）注意

有些错误可以忽略，例如，有些接插件的 Outline 的一部分放在了板框外，检查间距时会出错；另外，每次修改过走线和过孔之后，都要重新覆铜一次。

5. 复查

复查根据"PCB 检查表"，内容包括设计规则，层定义、线宽、间距、焊盘、过孔设置；还要重点复查元器件布局的合理性，电源、地线网络的走线，高速时钟网络的走线与屏蔽，去耦电容的摆放和连接等。复查不合格，设计者要修改布局和布线，合格后，复查者和设计者分别签字。

6. 设计输出

PCB 设计可以输出到打印机或输出光绘文件。打印机可以把 PCB 分层打印，以便于设计者和复查者检查；光绘文件交给制板厂家，生产印制板。光绘文件的输出十分重要，关系到这次设计的成败，下面将着重说明输出光绘文件的注意事项。

1）需要输出的层有布线层（包括顶层、底层、中间布线层）、电源层（包括 VCC 层和 GND 层）、丝印层（包括顶层丝印和底层丝印）、阻焊层（包括顶层阻焊和底层阻焊），另外还要生成钻孔文件（NCDrill）。

2）如果电源层设置为 Split/Mixed，那么在"添加文档"窗口的"文档类型"项选择 Routing，并且每次输出光绘文件之前，都要对 PCB 图使用覆铜管理器的连接面进行覆铜；如果设置为 CAM 平面，则选择平面，在设置"层"项时，要把 Layer 25 加上，在 Layer 25 层中选择焊盘和过孔。

3）在"输出设置"窗口，将"光绘"的值改为 199。

4）在设置每层的 Layer 时，将"板框"选上。

5）设置丝印层的 Layer 时，不要选择"元件类型"，选择顶层（底层）和丝印层的边框、文本、2D 线。

6）设置阻焊层的"层"时，选择过孔表示过孔上不加阻焊，不选过孔则表示加阻焊，视具体情况而定。

7）生成钻孔文件时，使用 PADS Layout 的默认设置，不要做任何改动。

8）所有光绘文件输出后，用 CAM350 打开并打印，由设计者和复查者根据"PCB 检查表"检查。

6.2　PADS Layout 9.5 图形界面

PADS Layout 9.5 不但具有标准的 Windows 用户界面，而且在这些标准的各个图标上都带有非常形象化的功能图形，用户一接触到就可以根据这些功能图标上的图形判断出此功能图标的大概功能。

执行"程序"→"MentorGraphicsSDD"→"PADS 9.5"→"DesignLayout&Router"→"PADS Layout"命令，启动 PADS Layout 9.5，立即进入 PADS Layout 9.5 的欢迎界面，如图 6-1 所示，同样地，PADS Layout 采用的是完全标准的 Windows 风格。

图 6-1　欢迎界面

欢迎界面不是印制电路板的设计界面，所以需要进行后期电路板操作还需要新建或打开新的设计文件。

6.2.1　窗口管理

单击欢迎界面内的"开始新设计"按钮，立即新建新的设计文件，进入 PADS 的整体界面，弹出"设置启动文件"对话框，如图 6-2 所示。在"起始设计"列表框中选择默认的启动文件，在没有特殊说明的情况下，选择"系统默认的启动文件"选项，单击"确定"按钮，退出对话框，新建带图框的空白印制电路板电路。

图 6-2　"设置启动文件"对话框

印制电路板示意图包括下拉菜单界面、弹出清单、快捷键,工具栏等,这使得用户非常容易掌握其操作。PADS 的这种易于使用和操作的特点在 EDA 软件领域中可以说是独树一帜的,从而使 PADS 成为 PCB 设计和分析领域中的绝对领导者。

从图 6-3 中可知,PADS Layout 整体用户界面包括以下 8 个部分。

● 状态窗口:窗口可以根据需要打开和关闭,是一个动态信息的显示窗口。

● 项目浏览器:显示电路板中的封装信息,与在 PADS Lagic 中作用相同。

图 6-3　PADS Layout 整体用户界面

● 输出窗口:显示操作信息。打开、关闭方式在原理图 PADS Lagic 中已将详细讲述,这里不再赘述。

● 信息窗口:信息窗口也叫状态栏,在进行各种操作时,状态栏都会实时显示一些相关的信息,所以在设计过程中应养成查看状态栏的习惯。

　　◆ 默认的宽度:显示默认线宽设置。

　　◆ 默认的工作栅格:显示当前的设计栅格的设置大小,注意区分设计栅格与显示栅格的区别。

　　◆ 光标的 X 和 Y 坐标:显示十字光标的当前坐标。

　　◆ 单位:本图中显示的是 "mil"。

● 工作区:用于 PCB 板设计及其他资料的应用区域。

● 工具栏:在工具栏中收集了一些比较常用功能,将它们图标化以方便用户操作使用。

● 菜单栏:同所有的标准 Windows 应用软件一样,PADS 采用的是标准的下拉式菜单。

● 活动层:从中可以激活任何一个板层使其成为当前操作层。

图 6-4 所示为电路板的示意图,读者可按照上面的界面介绍对比各部分在实际电路中的显示。

图6-4 电路板示意图

6.2.2 文件管理

1. PADS Layout 9.5 的文件格式

PADS Layout 9.5 可以打开两种格式的文件，一种是扩展名为.pcb 的文件，另一种是扩展名为.reu 的文件（物理可重用文件）。执行菜单栏中的"文件"→"打开"命令，弹出文件打开对话框，在"文件类型"下拉列表框中显示如图 6-5 所示的文件类型。

它不能打开扩展名为.job 的文件。JOB 文件是 PADS Layout 的前身 PADSPERFORM 的档案格式，可以在 Windows 98 和 DOS 环境下运行。

当打开一个文件时，PADS Layout 9.5 就会把数据格式转换为当前格式。

2. 新建 PADS Layout 9.5 文件

新建一个 PADS Layout 9.5 文件，其过程如下：

1）执行菜单栏中的"文件"→"新建"命令，系统弹出如图 6-6 所示的询问对话框。

图6-5 文件类型

图6-6 询问对话框

2）如果单击对话框中的"是"按钮，则可以完成对旧文件的保存，若单击对话框中的"否"按钮，则直接弹出"设置启动文件"对话框，如图6-7所示，当前设计的改动将不被保存。

图6-7 "设置启动文件"对话框

3）在图6-7所示的对话框中，"起始设计"列表框用于选择需要使用的启动文件。图中所显示的启动文件是 PADS Layout 系统自带的启动文件，以后如果需要为新的设计文件改变启动文件，则可以在菜单栏中执行"文件"→"设置启动文件"命令，通过弹出的"设置启动文件"对话框进行设置。

3. 创建 PADS Layout 9.5 启动文件

在 PADS Layout 中，像属性字典、颜色设置、线宽、间距规则之类的全局设置都可以保存在名为 default. asc 的启动文件中。当然，也可以创建其他的启动文件。在启动时，PADS Layout 会从启动文件中读取默认的设置。

6.3 系统参数设置

在进行 PCB 设计之前，用户必须对设计环境和设计参数进行一定的设置与了解，因为这些参数自始至终地影响着设计。不合适地设置参数不仅会大大降低工作效率，而且很可能达不到设计要求。

在本节中主要介绍有关优先参数的设置，此项设置在整个设计过程中都非常重要，因为它包含了 10 部分的设置，而这 10 部分涉及设计的 10 个方面，由此可见其设置覆盖面之广，所以通过本节的阅读后，一定要对每一个设置项所涉及的设置对象都有一个清楚的认识。

执行菜单栏中的"工具"→"选项"命令，弹出"选项"窗口，如图6-8所示。

图6-8 "选项"窗口

6.3.1 "全局"参数设置

执行菜单栏中的"工具"→"选项"命令，弹出"选项"窗口，单击"全局"节点，如图 6-8 所示。

顾名思义，"全局"参数的设置是对整体设计而言的，并不专门针对哪一方面或哪一功能。全局设置下有 4 个选项。

1. "常规"选项

（1）"光标"选项区域

- "样式"下拉列表框：PADS Layout 一共提供了 4 种不同的光标风格，即"正常"风格、"小十字"风格、"大十字"风格和"全屏"风格。

⚠ **注意**

使用全屏光标显示风格在某种情况下（比如布局）会使设计变得更轻松。

- "捕捉半径"文本框：该选项表示在选择或点亮某一个对象时，鼠标十字光标距离该捕捉对象多远时单击鼠标才可以有效地选择或点亮对象，即单击鼠标左键选择一个对象时允许的离对象最远的距离。一般默认值是 5 mil，特别注意此值设大设小既有好的一面，也有坏的一面，如太大时虽然增加了捕捉度，但可能因为捕捉度太大而容易误选无关的对象，而捕捉半径太小时，选择对象就需要更准确地单击，所以建议用户使用默认值。
- "斜交"复选框：勾选此复选框，光标将以对角线的形式（"×"）显示，否则光标以正十字显示。
- "禁用双击"复选框：如果勾选此复选框，则在设计中双击鼠标左键时将视为无效操作。双击鼠标在很多操作中都能用到，如添加过孔、完成走线、对某对象查询等，所以推荐不勾选此复选框。

（2）"图形"选项区域

- "调整窗口大小时保持视图大小不变"复选框：设计环境窗口变化是否保持同一视图选项。当 PCB 设计环境窗口变化时，勾选此复选框可以保持工作画面视图与其的比例。
- "当前层显示在最上方"复选框：勾选此复选框表示当前进行操作的层（激活层）拥有最高显示权，显示在所有层的前面，一般默认为勾选状态。
- "最小显示宽度"文本框：该选项用于设置最小显示宽度，其单位为当前设计的单位。可以人为地设定一个最小的显示线宽值，如果当前 PCB 板中有小于这个值的线宽时，则此线不以其真实线宽显示而只显示其中心线；对于大于该设定值的线，按实际线宽度显示。如果该选项的值被设置为"0"，则所有的线都以实际宽度显示。这个值越大，刷新速度越快，当设计文件过大，显示刷新太慢时可以这么做。

（3）"文本译码"选项区域

该选项区域内的下拉列表框用于设置文本字体，可设置类型如图 6-9 所示。

图 6-9　下拉列表框中的可选类型

(4)"拖动"选项区域

该选项区域用来设置对象的拖动方式，共有 3 个单选按钮。

- "拖动并附着"：可以拖动被选择的对象。选中该单选按钮后，选中对象时按住鼠标左键直接拖取对象可使其移动，对象移动后可松开鼠标左键，移动到所需位置时单击鼠标左键将其对象放下即可，选中此项设置有助于提高设计效率。
- "拖动并放下"：可以拖动被选择的对象。选中该单选按钮后，在移动选中对象时，不能松开鼠标左键。当松开鼠标左键时，拖动完成，即松开鼠标的位置就是对象的新位置。
- "无拖动"：此选择不允许拖动对象，而必须激活一个对象之后使用移动命令（如单击鼠标右键，在弹出的快捷菜单中执行"移动"命令）才能移动选择对象。

(5)"OLE 文档服务器"选项区域

该选项区域包括 3 个复选框。

- "显示 OLE 对象"：该选项用于设置是否显示已插入的 OLE 对象。如果当前设计中存在 OLE 对象，那么打开太多的 OLE 链接目标会严重影响系统的运行速度。
- "重画时更新"：这个设置仅应用于 PADS Layout 被嵌入其他应用程序中的情况。在满足以下两个条件时，系统更新其他应用程序中的 PADS Layout 连接嵌入对象。

  条件 1：在分割的窗口中编辑 PADS Layout 对象。

  条件 2：在分割的窗口中单击"重画"按钮。

- "绘制背景"：这个设置仅应用于 PADS Layout 被嵌入到其他应用程序中的情况。应用同上，可以为被嵌入的 PADS Layout 目标设置背景颜色，当取消勾选此复选框时，背景呈透明状态。

(6)"设计单位"选项区域

设计单位有 3 种，即"密尔""公制"和"英寸"，三者只能选择其中之一使用。系统默认单位为"密尔"。

2. "文件位置"选项

选择"文件位置"选项，如图 6-10 所示。

表中显示文件类型及对应位置，双击即可修改文件路径。

3. "备份"选项

选择"备份"选项，如图 6-11 所示。

图 6-10 "文件位置"选项

图 6-11 "备份"选项

- "间隔(分钟)":可在此文本框中输入自动存盘时每个自动备份文件之间的时间间隔。此间隔值要适可而止,如太小会因为系统总是在进行自动存盘而降低了系统对设计操作的反应速度。用户可以通过单击"备份文件"按钮来指定自动存盘的文件名和存放路径。

- "备份数":可以在此文本框中设定所需的自动备份文件个数,但此数范围是 1 ~ 9,系统默认为 3 个。文件命名方式为"PADSLayout1. pcb""PADSLayout2. pcb""PADS-Layout3. pcb"。

4. "同步"选项

选择"同步"选项,如图 6-12 所示。

图 6-12 "同步"选项

"Layout 与 Router 同步"选项区域:

勾选"启用"复选框,则"PADS Layout"与"PADS Router"同步。

6.3.2 "设计"参数设置

执行菜单栏中的"工具"→"选项"命令,弹出"选项"窗口,选择其中的"设计"节点,如图 6-13 所示。

此项设置主要针对在设计中一些有关的诸如元件移动、走线方式等方面的设置,总共包括以下 9 个部分。

(1)"元器件移动时拉伸导线"复选框

当勾选此复选框时,表示移动元件时,与此元件引脚直接相连的布好了的走线在移动完成后仍然保持走线连接关系,反之则与此元件引脚直接相连的走线移动的那一部分在元件移动后将变为了鼠线连接状态。

(2)"移动首选项"选项区域

该选项区域用于设置移动一个元件时鼠标的捕捉点,共包含 3 个单选按钮,每次仅允许选中一个。

图6-13 "设计"参数设置

- "按原点移动"：选中此单选按钮后，当选择元件移动时，系统会自动将鼠标十字光标定位在元件的原点上，以原点为参考点来移动。这个原点是在编辑元件时设定的位置，而不一定是元件本身的某个位置。

- "按光标位置移动"：此项表示移动元件时，用鼠标单击元件上的任意点，则元件移动定位时就以此点为参考点来进行移动。

- "按中点移动"：该项表示在移动元件时，系统自动把光标定位在元件的中心上，以元件中心为参考点来移动元件或定位。

（3）"长度最小化"选项区域

该选项区域中包括以下3个单选按钮。

- "移动中"：在移动一个元件时，系统会实时比较与此移动元件引脚直接相连的同一网络连接点，并将其与最短距离点相连接。此项设置在有效状态下有助于布局设计，但对于某些特殊的PCB设计需要关闭这种最短化连接方式。

- "移动后"：选中该项后，则在移动元件的过程中不计算鼠线长度；只有当元件移动固定后，系统才进行鼠线最短距离计算。

- "禁用"：此项禁止系统进行鼠线长度最短化计算。

（4）"线/导线角度"选项区域

该选项区域中包括以下3个单选按钮。

- "斜交"：选中此项后，则系统在绘图或布线设计中走线时采用45°的整数倍改变线的方向。可以使用快捷命令AD直接切换到此状态下。

- "正交"：与"斜交"不同，选中此项后，则系统在绘图或布线设计中走线时采用90°的整数倍改变线的方向。可用快捷命令AO直接切换到此状态下。

- "任意角度"：选中该选项后，系统可以采用任意角度来改变线的方向。可用快捷命令 AA 直接操作。

(5)"在线 DRC"选项区域

该选项组包括以下 4 个选项：

- "防止错误"：在进行设计之前，在"设置"→"设计规则"中定义了各种各样的设计规则，如走线宽度、线与线之间的距离、走线长度等。如果在进行设计的过程中选中此项，那么设计将实时处于在线规则检查之下，如果违背了已定义的规则，则系统将阻止继续操作。
- "警告错误"：当违背间距规则时，系统警告并输出错误报告，但不允许交叉走线。
- "忽略安全间距"：此项可忽略间距规则，但不可以交叉走线。
- "禁用"：关闭一切规则控制，可自由发挥，不受所有设计规则约束。

 小技巧

以上 4 种状态模式的切换快捷键命令分别为：DRP 直接切换到阻止错误状态；DRW 直接切换到警告错误状态；DRI 直接切换到忽略安全间距状态；DRO 直接转化到关闭模式下。在快捷命令的记忆上应讲究技巧：把烦琐、多杂的记忆内容分成很多份来记忆是一种有效的方法。

(6)"推挤"选项区域

该选项区域包括以下 3 个单选按钮。

- "自动"：当将一个元件不小心放在另一个元件之上时，如果选中了此项，那么系统会自动按照设计规则将这两个元件分开放置。
- "提示"：同"自动"单选按钮不同，系统首先不会自动去调整元件位置，而是弹出一个"推挤元件和组合"对话框进行询问，如图 6-14 所示，可以在此选择任何一种推挤方向：自动、左、右、上和下，然后单击"运行"按钮，系统将按所选择的方式自动调整元件位置来放置。

图 6-14 "推挤元件和组合"对话框

- "禁用"：关闭自动调整元件放置功能。

(7)"组编辑"选项区域

这个功能主要针对块操作而言，组操作是 Windows 操作系统一大特色，所以一般都具有此项功能。块的概念就是定义一个区域，在这个区域内的所有对象就组合成了一个整体，对这个整体的操作就好像对某一单个对象操作一样。

- "保留信号和元件名称"：如果勾选此复选框，那么在进行组操作时（如复制、粘贴），将会保持信号的连接性和元件名。
- "包含未附着的导线"：当进行组操作时，如复制一个组，在选中的块范围内的走线不管是否在组内有无与其他元件相连，均被同等对待，但复制的块并不与原块保持信号线连接。
- "保留缝合孔"：勾选该复选框后，在进行编辑时禁止删除缝合孔。

（8）"倒角"选项区域

当进行画图设计时，如果对所画图形的拐角长度要求一定（这个拐角可以是斜角和圆弧），则可以设定一种模式，然后在画图时将按此模式来做拐角处理。系统提供了 3 种方式，即斜交、圆弧和自动倒角，只是在选定自动模式时，需要设定拐角圆弧的比率（半径）和角度范围。

（9）"钻孔放大值"文本框

"钻孔放大值"表示实际上相当于一个钻孔镀金补偿值，如实际板中过孔直径为 30 mil，但在设计中如果不考虑补偿值，那么加工 PCB 板时先钻孔，过孔按设定值 30 mil 钻孔，但此过孔还需要沉铜加工来使过孔导通，这样实际的过孔一定小于 30 mil，所以一定需要这个补偿值，系统默认值为"3"。

 小技巧

如果不希望使用这项设置，可以在设置"选项"→"过孔样式"选项中不选择其设置窗口最下面的"Plated（电镀）"选项。

6.3.3 "栅格和捕获"参数设置

执行菜单栏中的"工具"→"选项"命令，弹出"选项"窗口，单击其中的"栅格和捕获"节点，主要分为"栅格"和"对象捕获"两个选项。

首先介绍"栅格"选项，如图 6-15 所示。

图 6-15 "栅格"选项

注意

栅格也就是平常说的格子，建立这种网状格子的主要目的是利用这些格子来控制需要的距离或在空间上做一个参考。能够在设计中控制移动操作或放置对象时最小间隔单位的栅格叫设计栅格，这个设计栅格是不可以显示的。而能够显示在设计画面中仅供设计参考之用的那些可见阵列格子为显示栅格。

有关栅格的设置有以下 6 个部分。

- "设计栅格"选项区域：栅格由 X 和 Y 两个参数来决定格子的大小，多数情况下 X 和 Y 值相等，也就是说栅格的每一个格子为正方形。以下各项栅格设置也一样，其实在实际设计中，设置设计栅格最好的方法是使用直接命令"G"，如输入 G25。

 小技巧

尽管设置了栅格参数值，但是可以不受其控制，只要不勾选 X 和 Y 值下面的"捕获至栅格"复选框就可以了。

- "过孔栅格"选项区域：这项设置主要控制过孔在设计中的放置条件，设置方法与"设计栅格"选项区域一样。
- "扇出栅格"选项区域：这项设置主要是为自动布器 PADS Router 扇出功能进行设置，其设置方法与"设计栅格"选项区域一样。
- "显示栅格"选项区域：在设计画面中有很多的点阵，如果没有，是因为 X 和 Y 值设置得太小，不防将其值变大试试。这些点阵格子就是设计参考栅格，也是唯一能真正显示出来的栅格，所以称为显示栅格。这种栅格主要用于设计中做参考使用。当然可以将其设置为与其他几个中任何一种栅格设置具有相同的 X 和 Y 值，那么那种栅格也得到了显示。显示栅格的设置方法同上述几种一样，只是没有"捕获至栅格"复选框，这是因为它只能看不可以用。

 小技巧

使用直接命令 GD 设置显示栅格会更方便快捷。

- "铺铜栅格"选项区域：

"铜箔"——实际上铺设的铜皮都是由若干平行正交或斜交的 Hatch 线构成的，当将这些 Hatch 线设置小于某值时，就会看见它的网状结构，把线宽设置到一定大时，看见的是一整片铜皮。此项设置用来设置铜皮中这些 Hatch 线的中心线距离。

"禁止区域"——在铜皮中有时会保留一定的面积，此面积不允许铺铜。这部分面积就称为"禁止区域"。此项就是对这部分面积进行栅格设置。

- "径向移动设置"：单击该按钮，则弹出如图 6-16 所示的"径向移动设置"窗口。该窗口主要有 5

图 6-16 "径向移动设置"窗口

部分设置，即极坐标栅格原点、角度参数、移动选项、方向和极坐标方向。

下面介绍"对象捕获"选项，如图6-17所示。

图6-17 "对象捕获"选项

- "捕获至对象"：勾选此复选框，设置捕获类型。
- "对象类型"选项区域：主要包含的捕获类型分别为拐角、中心、交叉点、中点、四分之一圆周、元器件原点、管脚/过孔原点。
- "显示标记"：在捕捉点显示对应的捕捉标记，"对象类型"选项区域内对象右侧的符号即是标记样式。
- "捕获半径"：默认数值为8.33。

6.3.4 "显示"参数设置

执行菜单栏中的"工具"→"选项"命令，弹出"选项"窗口，单击"显示"选项，则弹出如图6-18所示的设置界面。

"显示"设置主要用于设置导线、过孔及引脚上显示网络名的相关显示参数，其中包含以下两个选项区域：

- "网络名/管脚编号文本"选项区域。

"网络名/管脚编号文本大小（像素）"：设置此项可以设置文本的最大值和最小值，默认最大值为10，默认最小值为50。

- "导线网络名称之间的最大间隙（像素）"：默认参数值为500。

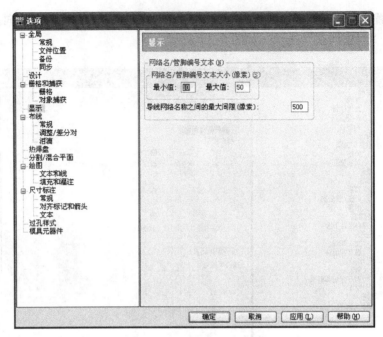

图 6-18 "显示"选项

6.3.5 "布线"参数设置

执行菜单栏中的"工具"→"选项"命令,弹出"选项"窗口,"布线"节点下有"常规""调整/差分对"和"泪滴"3 个选项。

1. "常规"选项

单击"常规"选项,则弹出如图 6-19 所示的设置界面。

图 6-19 "常规"选项

"布线"设置主要针对走线设计中的一些要求和爱好设置。这些设置可以使设计变得更加方便和可靠，所以在走线过程中或走线上出现一些不希望看到的现象时，请检查一下布线设置。"常规"选项中有以下4个选项区域。

（1）"选项"选项区域

该选项区域中共有以下11个复选框。

● 生成泪滴。

勾选此复选框可以使在布线设计过程中，布线时，在焊盘和走线之间或过孔与走线连接处自动产生泪滴。

🖉 **注意**

泪滴可以使走线与焊盘得到圆滑的过程，这是一种很好的功能，推荐使用。对于一些高精高密度板，系统还允许对泪滴进行编辑。

● 显示保护带。

当在DRC（在线规则检查）打开模式下布线时，一切操作都受在"设置"→"设计规则"中定义好的设计规则所控制，如果违背定义的规则，则会出现此保护圈阻止操作。保护带的半径是规则中的最小安全距离值，如图6-20所示。

图6-20　保护带图

● 亮显当前网络。

勾选此复选框表示当激活某一个网络时，则此网络颜色呈高亮状态显示。

 小技巧

高亮显示颜色在"设置"→"显示颜色"中设置。

● 显示钻孔。

勾选此复选框可以显示所有钻孔焊盘内径，否则均为实心圆显示状态。

● 显示标记。

在主菜单"设置"→"层定义"设置窗口中的"布线方向"下设置了每一个层的走线方向，但在实际走线时，除非设置成"任意"，否则根本不可能每一网络均在同一个方向布线。同一根走线中的某些线段可能会违背这个规则，如果勾选此复选框，则系统就会在那些违背了方向定义的线段拐角处做上一个方形标记。这对于设计没有影响，推荐不要勾选此复选框。

● 显示保护。

可以把有某些网络设置为保护状态，先点亮需设置的网络或网络中某部分连线等，然后单击鼠标右键，在弹出的快捷菜单中单击"特性"命令，则弹出如图 6-21 所示的窗口，勾选"保护布线"复选框，再单击"确定"按钮即可。被保护的走线将会处于一种保护模式下，对其的编辑操作，如修改走线、移动和删除都将视为无效。

图 6-21　"网络特性"窗口

 小技巧

当对某个网络设置了保护之后，如果在这里勾选了"显示保护"复选框，那么当处于关闭所有实心对象并以只显示外框的模式下时（以外框线显示所有实心体的直接命令是O），被保护的线以外框显示出来，反之以实心线显示。总之，被保护的走线显示方式与其他未被保护走线刚好相反，这样就很容易区分出来，如图 6-22 所示。

如图 6-23 所示，上面的那一个过孔已经被定义为用于测试点，通过设置此项测试点标记显示设置，可以很清楚地知道哪些过孔是被作为测试点使用的。

图 6-22　保护线的两种显示
模式显示测试点

图 6-23　测试点

● 显示测试点。

勾选此复选框，在电路图中显示测试点。

● 锁定测试点。

勾选此复选框表示在移动元件时不能移动测试点。

● 显示导线长度。

勾选该复选框后，布线时在光标处显示已布线的长度和总长度。

● 自动保护导线。

该复选框用于设置是否自动保护走线不被拉伸、移动、推挤、圆滑处理。

● 从任意角度接入焊盘。

勾选该复选框后，布线可以以任意角度进出焊盘而无须考虑"焊盘角度"的设置参数。

（2）"正在居中"选项区域

该选项复选框中的"最大通道宽度"选项用于设置最大通道宽度。

（3）"层对"选项区域

这个选项复选框用于定义板层对，共有两个选项。

● "首个"：设置板层对的第1层。

● "第二个"：设置板层对的第2层。

 小技巧

当设计多层板时，如只希望在第2层和第3层之间操作，就可以将"首个"设置为InnerLayer2，而将"第二个"设置为InnerLayer3，这样在走线或进行其他操作时，系统将自动仅在第2层和第3层之间切换。也可用快捷命令"PL"来代替这个设置，因为在多层板设计中，同一根走线有时可能要交换两次以上的层对，如果都这样设置就太麻烦了，特别是正在操作中。

（4）"未布线的路径双击"选项区域

该选项复选框包括以下两个单选按钮。

● "动态布线"：设置此项表示在动态走线模式下，只需双击鼠线即可完成一个动态布线操作。

● "添加布线"：双击鼠标左键即可完成一个手工走线操作。

注意

这个设置一般默认选中"添加布线"单选按钮，如果需要设置成"动态布线"，则必须处于在线检查DRC模式下（打开在线检查用直接命令DRP）更改。

（5）"平滑控制"选项区域

该选项区域包括以下两个复选框。

● "平滑总线布线"：保护一个网络的走线（包括长度受控的网络）和走线末端的过孔。

● "平滑焊盘接入/引出"：在完成一个总线布线后，进行一个圆滑操作。

2. "调整/差分对"选项

单击"调整/差分对"选项，则弹出如图6-24所示的设置界面。

该选项用于设置在PADS Router中使用的蛇形走线与差分对走线的参数。

图6-24 "调整/差分对"选项

（1）"布线到长度约束"选项区域

当在长度规则下布线时，参数的设置是为了满足长度规则的要求蛇形走线，以达到所需的布线长度。

- "蛇形走线"选项组
  - ◆ 最小振幅：蛇形布线区域最小振幅的实际值，是布线宽度乘以该文本框中的数值；
  - ◆ 最大振幅：蛇形布线区域最大振幅的实际值，是布线宽度乘以该文本框中的数值；
  - ◆ 最小间隙：蛇形布线区域最小间隙的实际值，是布线宽度乘以该文本框中的数值；
  - ◆ 最大层次化级别：默认值为8；
  - ◆ 倒角比率：默认值为1.5；
  - ◆ 在倒角中使用圆弧：勾选此复选框，布线时遇到拐角时直线用圆弧代替。
- 匹配长度组容差需要上方添加的额外长度，百分比：
- 需要完成导线时忽略长度规则：选中此复选框，当需要完成布线时，忽略此长度规则。

（2）"差分对"选项区域

差分对走线是一种常用于高速电路PCB设计中差分信号的走线方法，将差分信号同时从源管脚引出，并同时进行走线，最终将差分信号连接到目标管脚位置，即差分走线的终点。

3. "泪滴"选项

单击"泪滴"选项，则弹出如图6-25所示的设置界面。

⚠ 注意

泪滴是用来加强走线与元件脚焊盘之间连接趋于平稳过程化的一种手段，目前随着大量高频设计板的出现，它的作用也远远不止于此，直至今日，PADS公司在泪滴功能方面又加

图 6-25 "泪滴"选项

强了很多，适应了用户在不同领域设计中的需要。

"泪滴"选项主要包括以下两个选项区域：

（1）"参数"选项区域

●"显示泪滴"：设置是否在设计中显示泪滴。

注意

如果设计有泪滴存在，这里设置为不显示并不影响泪滴的设计检查和最终的 CAM 输出，只是不希望它显示出来，这样可以提高画面的刷新速度。

●"自动调整"：设置是否允许在设计过程中根据不同的要求自动调整泪滴。

（2）"形状"选项区域

该选项区域用来设置滴泪的形状，并可以通过预览窗口观察，主要包括以下 5 个选项。

●"默认"：表示在设计中使用系统默认的泪滴形状。

●"线"：这种模式下泪滴的过渡外形线为直线，可以编辑其长度与宽度。

●"弯曲"：设置此种模式时，泪滴的外形线为弧形线，可以对其长度和宽度进行编辑。这种泪滴在高频和高精密集度 PCB 板中非常适用。例如，在高密度板中，由于泪滴外形轮廓线为弧形，因此可以节省大量的空间。

●"长度比例"：设置滴泪长度与其连接的焊盘直径的比例，其值为百分数。如果该项的值为 200，而其连接的焊盘直径为 60 mil，则滴泪的长度为 120 mil。

●"宽度比"：设置滴泪宽度与其连接的焊盘直径的比例，其值为百分数。

6.3.6 "热焊盘"参数设置

热焊盘在电源或地层中也称为花孔，在表层铺设大片的铜皮并希望这些铜皮毫无连接关系地独立放在那里，这时一般都会将它们与地或电源网络连接起来，铜皮与这些网络中链接的焊盘或过孔称为热焊盘，如图6-26所示。

执行菜单栏中的"工具"→"选项"命令，弹出"选项"窗口，单击"热焊盘"选项，则弹出如图6-27所示的设置界面。

图6-27 "热焊盘"选项

图6-26 花孔

- "热焊盘"选项区域：

"开口宽度"——用来设置花孔连接线的宽度。

"开口最小值"——用来设置与铜皮连接的最少线条数，默认值是两条，最大值不能超过4。

"圆形焊盘"——显示圆形焊盘在通孔热焊盘与SMT热焊盘中的设置，一共有4种形状供选择，即圆形、方形、矩形和椭圆形。

"方形焊盘"——显示方形焊盘在通孔热焊盘与SMT热焊盘中的设置。

"矩形焊盘"——显示矩形焊盘在通孔热焊盘与SMT热焊盘中的设置。

"椭圆焊盘"——显示椭圆焊盘在通孔热焊盘与SMT热焊盘中的设置。

- "已布线的热焊盘"复选框：

如果勾选了此复选框，则系统会将元件的管脚焊盘也形成热焊盘。

- "显示通用平面指示器"复选框：

只有在CAM功能里出Gerber文件阅览时才可以看到内层电源或地层的花孔，平时的设计是看不见的，但是如果勾选此复选框，系统会自动在内层热焊盘通孔的表层上标注一个X形标记，使工程人员从通孔的表层就可以知道此通孔在内层有花孔存在，以便识别，如图6-28所示。

图6-28 内层热焊盘在表层的标记

● "移除碎铜"复选框：

　　该复选框用于在铺铜操作过程中自动移走孤立的铜皮。

● "移出违规的热焊盘开口"复选框：

　　勾选此复选框可以保证当在形成热焊盘时，如果热焊盘中有某一条连接线违背了定义好了的设计规则，则系统自动将其移除。

6.3.7　"分割/混合平面"参数设置

　　执行菜单栏中的"工具"→"选项"命令，弹出"选项"窗口，单击其中的"分割/混合平面"选项，则弹出如图 6-29 所示的设置界面。

图 6-29　"分割/混合平面"选项

ⓘ 注意

　　在 PADS Layout 中，电源和地层有两种选择供用户使用（CAM 平面和分割/混合平面），具体选择哪一种可根据需要和自己的爱好而定。但是一定要对使用 CAM 平面和使用分割/混合平面有什么不同非常清楚。对于使用 CAM 平面层，由于使用的是负片，因此不管保存还是显示都不会有太大影响，无须设置控制、保存与显示方面的参数。但分割/混合平面使用的是覆铜处理方法，所以数据量非常之大，如果不加以设置控制，则对设计有时很麻烦，所以提醒读者在使用分割/混合平面层时要格外小心。

　　"分割/混合平面"选项中的设置分为 5 个部分：

● "保存为 PCB 文件"选项区域。

　　"平面层外框"：PADS Layout 提供了一种巧妙存储大数据文件的方法。如果在设计中
　　存在混合分割层，则当存盘保存为文件时，系统只是将混合分割层的铜皮外框数据保
　　存，而不是保存整块铜皮数据，这样保存文件就会大大减小磁盘存储空间。但这一点

并不影响设计，下次调入该文件时，使用铜箔管理器中的"影线"功能恢复铜箔即可。推荐选择使用。

"所有平面层数据"：选中此单选按钮，系统将会完整保存平面层所有的数据，这与上述设置项相反，此时文件字节数比使用上述设置要大得多。推荐一般情况下不要选用。

"提示放弃平面数据"：勾选此复选框，当放弃平面数据时，弹出提示对话框。

- "混合平面层显示"选项区域。

"平面层外框"：不显示出混合分割层所有铜皮而只显示其外框，这样显示刷新将很快。

"平面层热焊盘指示器"：选中此单选按钮表示既显示平面层外框，又显示花孔标示符。

"生成的平面数据"：显示平面层所有的数据。

- "平滑半径"文本框：这个数值只对混合分割层有效，表示该层铜皮拐角处圆弧的半径值。

- "自动分隔间隙"文本框：当混合分割层进行平面自动分割时（如在这个层上有两个电源，则必须将它们分开，划分为两个互不相连的独立铜皮）所自动分割出来的各部分之间保持的距离值。

- "自动操作"选项区域。

"移除碎铜"：在混合分割层覆铜，系统将自动删除那些没有任何网络连接的孤立铜皮。推荐使用。

"移除违规的热焊盘开口"：如果花孔连接到铜皮上的连接线违反了所定义的规则，则系统将连接线自动删除。推荐使用。

"更新未布的线的可见性"：当从一个 SMD 元件脚开始走线，走出一段后通过过孔接入混合分割层，此时系统会自动在此过孔上附上一个标示符"X"，表示这个过孔接入混合分割层。推荐使用。

"更新热焊盘指示器的可见性"：当换层刷新时，系统会根据当前不同的层来显示花孔的不同标示符。推荐使用。

"移除未使用的焊盘"：在混合分割层中，如果有某两个同一网络的过孔重复放置，则系统将自动调整为一个，避免了加工钻孔时因重复钻孔而对 PCB 板造成损害。推荐使用。

"对热焊盘和隔离盘使用设计规则"：将焊盘到铜箔的间距规则应用到热焊盘；将钻孔到铜箔的间距规则应用到隔离盘。

"在嵌入平面中创建挖空区域"：使用该项创建铜箔挖空区域嵌入平面层。

6.3.8 "绘图"参数设置

执行菜单栏中的"工具"→"选项"命令，弹出"选项"窗口，单击"绘图"节点，绘图设置窗口主要是对工具栏中绘图工具按钮中的功能所产生的结果进行控制，其中包括两个选项，即"文本和线"和"填充和灌注"。

1. "文本和线"选项

单击"文本和线"选项，弹出如图 6-30 所示的设置界面。

图 6-30 "文本和线"选项

- "默认宽度": 在绘制图形及各种外框时所使用的默认线宽值, 可重新输入一个新的默认值。
- "完成覆铜时提示网络名称": 该复选框用于设置 PADS 是否弹出对话框, 提示为新铜箔分配网络。
- "板上元器件高度限制"选项区域。

"顶面": 设置限制 PCB 板表面层的所有元件在表层所能容许的最大高度值, 在文本框中输入元件限制最大高度值。

"底面": 限制板底层元件所允许的最大高度。

- "默认字体"选项区域。

"文本字体": 选择文本字体类型, 设置字体样式。字体样式按钮 **B** 、 *I* 、 U 的含义分别是加粗、倾斜、加下画线。

- "文本"选项区域。

"线宽": 设置文字笔画宽度。

"尺寸": 限制文字高度。

- "参考编号"选项区域。

"线宽": 对元件参考标示符 (如元件名) 的文字线宽控制。特别注意的是, 设置只是针对在设计中附增加的元件名, 而不能对设置以前的起作用。当设置好这个值后, 以后再增加的元件或元件类名都将以设置的为准, 如需要为元件增加双丝印。

"尺寸": 设置元件参考标示符高。

2. "填充和灌注"选项

单击"填充和灌注"选项, 弹出如图 6-31 所示的设置界面。

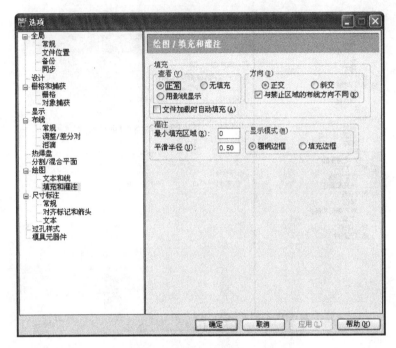

图 6-31 "填充和灌注"选项

（1）"填充"选项区域

● "查看"选项组。

"正常"：一般情况完全显示板中铺设的铜皮。

"无填充"：不显示铜皮。

"用影线显示"：将铜皮显示成一些影线平行线。

● "方向"选项组。

"正交"：将铺设铜皮中的影线组合线呈正交显示。

"斜交"：将铺设铜皮中的影线组合线以斜交状显示。

"与禁止区域的布线方向不同"：在禁止区域内使用相反的影线方向。

（2）"灌注"选项区域

● "最小填充区域"：设置一个最小铜皮面积，当铺铜时如果小于这个面积的铜皮，则系统将自动删除。

● "平滑半径"：设置铜皮在拐角处的平滑度。

● "显示模式"选项组。

"覆铜边框"：注意影线包含于覆铜，是覆铜中的每一部分，影线不可能脱离覆铜而独立存在，它的集合就构成了覆铜，所以只有建立了覆铜才能谈影线。选中此单选按钮表示显示这一块铜箔中每一个影线的外框。

"填充边框"：只显示整块铜皮的外框，即不显示为实心时的情况。

6.3.9 "尺寸标注"参数设置

执行菜单栏中的"工具"→"选项"命令，弹出"选项"窗口，单击其中的"尺寸标注"节点,则弹出如图 6-32 所示的设置界面。

图 6-32 "尺寸标注"设置界面

尺寸标注对电子设计非常重要,主要是对标注尺寸时的标注线和文字方面的相关设置,具体有 3 类,即常规设置、对齐标记和箭头、文本设置。

系统默认的是常规,其余两类的选择可以通过"常规"选项中的参数来选择。

(1)"常规"选项

"设置参数"选项区域对应了尺寸标注的一些通用、基本的设置,如图 6-32 所示。

● "层"选项组:这部分设置很简单,主要是对"文本"和"2D 线"进行层设置,在下拉列表框中选择一个层,就表示将"文本"和"2D 线"在尺寸标注时放在该层上。

● "扩展线"选项组:

扩展线是指尺寸标注线的一端可以人为根据自己的需要来控制,而基本部分不变。

"显示第一条标志线":这是尺寸标注的起点界线标注线,勾选表示需要。

"显示第二条标志线":同上类似,这是测量点终点界线的标注线。

"捕捉间距":这个距离表示从测量点到尺寸标注线一端之间的距离,如果为零,则表示尺寸标注线从测量点开始出发。

"箭头偏移":设置尺寸标注线超出箭头的延伸线的长度。

"宽度":尺寸标注线的宽度。

 小技巧

在进行这部分设置时,最好的方法是参考窗口下方的阅览小窗口,因为每一个参数不同的设置都会在阅览小窗口中体现出来。

- "圆尺寸标注"选项组中只有两种选择，表示当标注圆弧时是用半径来标注还是用直径标注。

"预览类型"下拉列表框：该选项的设置不会对尺寸标注产生影响，只是便于用户查看当前设置。如果在"对齐标记和箭头"设置面板中改变箭头或对齐标记的形状，则可立即在预览窗口看到改变结果。下拉列表框中的选项有"水平""垂直""对齐""角度"和"圆"5个选项。

（2）"对齐标记和箭头"选项

打开"对齐标记和箭头"选项，如图6-33所示，具体包括"对齐工具"和"箭头"两个选项组。

图6-33 "对齐标记和箭头"设置界面

- "对齐工具"：同上述第一类设置一样，在设置此类设置时如果对某项设置不太明白，最好的方法是看看改变某设置项后在阅览小窗口中的示范有何变化，如果看不出变化，将参数值改大些即可。在这一类设置中一共有6个按钮，即▄、▌、╱、╲、▢、▢，可以任选来组合成校准直线，从本窗口中最下面的"预览"窗口中可以看到尺寸标注线的标注起点和终点上都有一个由上面"对齐工具"中6个按钮所组成的图形。当选择标注起点和终点时它就会出现在选择点上，供对齐标注线。其参数上的设置有两个："尺寸"表示标注线的一端距离校直点多远，如果设为零，则表标注线从对齐点也就是测量点开始；"线宽"表示对齐线的线宽值。
- "箭头"：此项设置主要针对标注箭头，里面有3个小按钮，即▦、→、▥，分别用来设置箭头的3种形状。

"文本间隔"：此项用来设置尺寸标注值与标注线的一端之间保持多远的距离。

"箭头长度"：尺寸标注箭头的长度值。

"箭头尺寸"：尺寸标注箭头的宽度值。

"末尾长度"：箭尾就是箭头标注线长度减去箭头长度的值。

"线宽"：箭头线的宽度。

"预览类型"下拉列表框：改变上述各参数，同时可以在此窗口中看到改变后的结果。

（3）"文本"选项

尺寸标注除了一般性设置和箭头设置，还有一些有关文字设置。选择"文本"选项，设置界面如图6-34所示。

图6-34 "文本"设置界面

"文本"选项中共有6项参数值设置。

1）"设置参数"选项区域。

● "高度"：表尺寸数值文字的高度。

● "线宽"：表文字线宽。

● "后缀"：表数值后所跟单位。

2）"默认方向"选项区域。

● "水平"：使尺寸标注文字水平放置。

● "垂直"：使尺寸标注文字处于垂直放置状态。

● "与箭头一样"：使尺寸标注文字跟标注箭头方向一致。

3）"默认位置"选项区域。

● "内部"：尺寸标注文字处于测量起点和终点标注线的里面。

● "外部"：尺寸标注文字在测量起点和终点标注线外面。从下方的"预览"中可以清楚地看到这种设置变化。

4）"精度"选项区域。

- "线性"：线性标注精度。如果设置为1，则表示精确到小数点后1位。
- "角度"：角度标注精度值设置。

5）"替代"选项区域。

- "手动放置"：标注尺寸时，人为手工放置尺寸标注文字。
- "略去文本"：标注尺寸时，不需要尺寸标注文字。
- "上方"：将尺寸标注文字放在箭头标注线上面。
- "居中"：将尺寸标注文字放在与箭头同一直线上且在其箭头线的中间位置。
- "下方"：尺寸标注文字放在箭头线下面。
- "自定义"：用户自己定义尺寸标注文字的位置。

6）"预览类型"下拉列表框：参数设置同"常规"选项中的"预览类型"的设置。

6.3.10 "过孔样式"参数设置

执行菜单栏中的"工具"→"选项"命令，弹出"选项"窗口，单击其中的"过孔样式"选项，则弹出如图6-35所示的设置界面。

图6-35 "过孔样式"设置界面

该选项用来设置缝纫过孔和保护过孔的参数，介绍如下：

1）"当屏蔽时"选项区域。

- "从网络添加过孔"：选择保护过孔所属的网络。
- "过孔类型"：选择保护过孔的类型。

2）"屏蔽间距"选项区域。

- "使用设计规则"：应用设计规则中关于过孔到保护对象之间的距离规定。

- "过孔到边缘的值"：定义不同于设计规则中的过孔到布线或铜箔的最小间距。
- "过孔到接地边"：可以激活"指定的值"文本框。
- "给定的值"：设定过孔到铜箔的距离，激活后默认值为100。
- "过孔间距"：过孔中心距，默认值为100。
- "添加后胶住过孔"：勾选此复选框，过孔胶住。
- "忽略过孔栅格"：勾选此复选框，否则过孔附着在过孔栅格上。

3）"当缝合形状时"选项区域。

在下面的列表中添加、编辑、移除网络类型，将制定的网络通过指定的过孔类型缝纫到铜箔上。

4）"样式"选项区域。

在右侧显示过孔类型预览，左侧显示两种过孔类型。

- "填充"：将过孔布满区域，包含"对齐"和"交错"两种类型。
- "沿周边"：在区域四周一圈放置过孔，其余中间部分空置。

5）"过孔到形状"：制定过孔到边界的距离，取值范围为 0 ~ 100mil。

6）"仅填充选是的填充边框"：勾选此复选框后，按照绘制的图形填充边框。

6.3.11 "模具元器件"参数设置

执行菜单栏中的"工具"→"选项"命令，弹出"选项"窗口，单击其中的"模具元器件"选项，则弹出如图 6-36 所示的设置界面。

图 6-36 "模具元器件"设置面板

该选项用于设置创建模具元件时所需数据的参数，共分为两个部分。

1）"在层上创建模具数据"选项区域。

- "模具边框和焊盘"：设置模具轮廓和焊盘出现的板层。
- "打线"：设置 Wire 连接出现的板层。
- "SBP 参考"：设置 SBP 引导出现的板层。

2）"打线编辑器"选项区域。

- "捕获 SBP 至参考"。
- "捕获阈值"。
- "保持 SBP 焦点位置"。
- "显示 SBP 安全间距"。
- "显示打线长度和角度"。

6.4 工作环境设置

6.4.1 层叠设置

在设计 PCB 板时，由于电路的复杂程度以及考虑 PCB 板的密度，往往需要采用多层板（多于两层）。如果设计的 PCB 板是多层板（4 层以上，包括 4 层）的，那么"层定义"设置是必须要做的。因为 PADS Layout 提供的默认值是两层板设置。执行菜单栏中的"设置"→"层定义"命令，则弹出如图 6-37 所示的"层设置"对话框。

图 6-37 "层设置"对话框

从图 6-37 中可知，该对话框有 6 个部分，现分别介绍如下。

1）"层"列表框：最上方有一个列表框，其中列出了可以使用的所有的层，每一个层都显示出有关的 4 种信息，具体如下。

- 级别：指 PCB 板层，层数字用数字来表示（如第 1 层用 1）。
- 输入：层所属的类型，层类型包括 CM 元件面、RX 混合分割层、GN 普通层（也可称为自定义层）、SS 丝印层等，层的类型不需要人为地定义，一旦定义好该层的其他属性，则层类型会自动更新默认设置。
- 目录.：该板层的走线方向，在对话框的布线方向栏定义。H 表示水平，V 表示垂直，A 表示任意方向。
- 名称：板层的名字，可以对板层名修改，修改时只需在对话框中的"名称"文本框中输入一个新的层名，则系统将自动更新其默认板层名。

2）"名称"文本框：该选项的文本框用来编辑用户选中板层的名称。除了顶层和底层，其他层的名字都默认为 InnerLayer。

3）"电气层类型"选项区域：这部分设置用来改变板层的电气特性。对于顶层和底层，可以定义它们的非电气特性。选中顶层，单击图 6-37 中的"关联"按钮，会弹出如图 6-38 所示的"元器件关联性"对话框。通过该对话框，可以为顶层或底层定义一个不同的文档层，包括丝印、助焊层、组焊层和装配。

图 6-38 "元器件层
关联性"对话框

- "平面类型"部分：在所有的平面层中一共分为两种层（特殊和非特殊），非特殊层指非平面层，特殊层包括"CAM 平面"和"分割/混合"两种层。
- "无平面"：非平面层。所以"无平面"层一般指的是除 CAM 平面层和 Split/Mixed 这两个特殊层以外的一切层。通常指的是走线层，如 Top（表层）和 Bottom（底层），但是如果在多层板中有纯走线层，也要设置成非平面层。
- "CAM 平面"：CAM 平面层。这个特殊平面层之所以特殊，是因为它在输出菲林文件时是以负片的形式输出 Gerber 文件的，在设计中常常将电源和地层的平面层类型设置成"CAM 平面"层，因为电源和地层都是一大块铜皮，如果输出正片，则其数据量很大，不但不方便交流，而且对设计也不利。当将电源或地层设置为"CAM 平面"时，只需要将电源或地网络分配到该层（关于如何分配，本小节下面有详解），则在此层的分配网络会自动在此层产生花孔，无须再通过其他手段（如走线或铺铜）将它们连接。
- "分割/混合"：分割混合层。它同"CAM 平面"一样，一般也是用来处理电源或地平面层，只是它输出菲林文件时不是以负片的形式输出，而是输出正片。所以分配到该层的电源或地网络都必须靠铺铜来连接，但是在铺铜时，系统可以自动地将两个网络（电源或地）分割开来，形成没有任何连接关系的两个部分。在这个层中允许存在走线，但是一般除非比较特殊的板采用这种层类型外，通常电源或地层都会选择"CAM 平面"类型。推荐一般不要轻易使用"分割/混合"类型，除非对其与"CAM平面"的区别和用途非常清楚。

4）"布线方向"选项区域：可以设置选中层的走线方向，有"水平""垂直""任意""45"和"-45" 5 个单选按钮。所有的电气层都要定义走线方向，非电气层可以不设置走线方向。走线方向会影响手动和自动布线的效果。

5）"电气层"选项区域：这部分用来改变板层数、重新定义板层序号、改变层的厚度及电介质信息。

- "修改"按钮：可以改变设计中电气层的数目。
- "重新分配"按钮：可以把一个电气层的数据转移到另一个电气层。
- "厚度"按钮：可以改变层的厚度及电介质信息。

6）"非电气层"选项区域：单击"启用/禁用"按钮，会弹出"启用/禁用"对话框，通过设置其中的参数可以使特定的非电气层有效。

6.4.2 颜色设置

显示颜色的设置直接关系到设计工作的效率。执行菜单栏中的"设置"→"显示颜色"命令，则系统弹出如图6-39所示的"显示颜色设置"窗口。

图6-39 "显示颜色设置"窗口

该窗口用于设置当前设计中的各种对象的颜色及可见性。通过设置不仅为设计者提供适合自己习惯的工作背景，还方便选择性地查看设计中的各种对象效果。

1）"选定的颜色"：在该选项区域内选择颜色，然后单击想要改变颜色的对象即可。

- "调色板"：单击此按钮系统弹出图6-40所示的"颜色"对话框，设计者可以从中调配颜色。
- "分配全部"：单击此按钮，弹出如图6-41所示的"为所有层分配颜色"对话框，可以统一分配颜色。在"颜色首选项"下拉列表框中包含"每个对象一种颜色""每层一种颜色"和"选定的颜色"3个选项，前两种所设置的颜色为系统自动选择，最后一种使用的前提是在"显示颜色设置"对话框中已选定想要设置的颜色。

图 6-40 "颜色"对话框　　　　　图 6-41 "为所有层分配颜色"对话框

2）"层/对象类型"：此列表作为一个以层为行，以对象为列的矩阵，每一个小方块所在的行说明它所在 PCB 的层数，所在的列说明它代表的是何种对象。

3）"只显示可见"：只要勾选某一层（对象）复选框即可实现该层的可见性的切换。

4）"其他"：在此选项区域内可以设置"背景""板框""选择""连线"和"亮显"的颜色。

5）"配置"：选择配置类型，即 default 和 monochrome。单击"保存"按钮，保存新的设置作为配置类型，以供后期使用。

6）"显示网络名称"：勾选"导线""过孔"和"管脚"复选框后，则在 PCB 中显示元器件的导线、过孔和管脚。

6.4.3　焊盘设置

进行焊盘叠设置，执行菜单栏中的"设置"→"焊盘栈"命令，则系统弹出如图 6-42 所示的对话框。该对话框显示的是当前设计的信息，用来指定焊盘、过孔的尺寸和形状。

在"焊盘栈类型"选项区域内有两个单选按钮，这就说明焊盘栈设置分成两类，即"封装"和"过孔"。

在"焊盘栈类型"选项区域内选中"封装"单选按钮，这时在"封装名称"列表框中有当前设计的所有元件封装，设置指定的封装焊盘，具体操作如下：

1）在这些封装中找到想编辑的元件封装（在设计中可以点亮该元件后单击鼠标右键，在弹出的快捷菜单中单击"特性"命令，从弹出的"元器件特性"窗口中可以知道该被点亮元件的封装名），在"封装名称"列表框中找到所需编辑封装后单击鼠标左键，选择其封装名。

2）从最上面的"管脚：电镀"列表框中找到所需要对该元件封装的那些元件焊盘脚，进行编辑，单击鼠标左键选择所需编辑的元件脚。

3）当选择好编辑的元件脚之后，在它旁边有一个并列的小列表框，小列表框上方有"形状：尺寸：层"，这里面的选择项就是所选择的元件脚在 PCB 板各层的形状和大小的参数，如选择"CNN50 < 贴装面 >"层，则表示选择的元件脚为圆形，外径尺寸为 50，所属

图 6-42　焊盘参数设置对话框

层是"贴装面"。

4）当选择好元件脚所在的某一层，如上述中的"贴装面"，然后就可设置该元件脚在这个层的尺寸，尺寸设置在对话框的最右下角，如尺寸、长度、半径和钻孔尺寸等。设置好该层之后再选该元件脚在 PCB 板的其他层，如 InnerLayer（中间层），进行尺寸设置，直到设置完所有的层。如果还需要设置其他的元件焊盘脚，那么再从"Pin："下选择，而且还可以使用"添加"按钮来增加新的元件脚类型，使同一封装可同时拥有多种元件脚焊盘类型。

 小技巧

如果没有打开任何设计，则该对话框中没有元件信息，如图 6-43 所示。

焊盘的另一种设置是对过孔进行设置，在图 6-42 中的"焊盘栈类型"选项区域内选中"过孔"单选按钮，则对话框将变成如图 6-44 所示的对话框。

在 PCB 设计中除了使用系统默认的过孔设置外，很多时候都会根据设计的需要来增加新的过孔类型以满足设计的需要。

如图 6-44 所示，这个对话框是专门提供给用户设置或新增加 Via 之用，当前的设置只有两种过孔，即 MICROVIA（微小型过孔）和 STANDARDVIA（标准过孔），可以改变它们的孔径和外径大小，编辑方式同前面刚讲述的元件脚的编辑方法一样。这里只重点介绍增加新的过孔类型。

图 6-43　焊盘设置图

图 6-44　过孔设置

过孔就是在布线设计中一条走线从一个层到板的另一个层的连接通孔。若增加新过孔，则单击图 6-43 中"添加过孔"按钮，同时系统需要在"名称"文本框中输入新的过孔名，一般系统默认的过孔是通孔型，所以在"名称"文本框中默认选择是"导通"，但是某些设计多层板的用户可能要用到 PartialVia（埋入过孔或盲孔），这时一定要选择"半导通"选项，且下面的"起始层"和"结束层"选项被激活，这表示还必须设置这个埋入孔或盲孔的起始层和结束层。

单击"起始层"的下拉列表框，从中选择设置的盲孔起始层，同理打开"结束层"，选择盲孔的终止层，最后同样需要对新过孔进行各个层的孔径设置。

注意

建议用户一般不要使用（盲孔型）过孔，其主要原因还是国内目前的工艺水平问题。

6.4.4　钻孔对设置

在定义过孔之前，用户必须先进行钻孔对设置。特别对于盲孔，这些钻孔层对在 PADS Layout 中被定义为一对数字或钻孔对，通过这些数字或钻孔对，系统才知道这些过孔从哪个层开始，钻到哪个层结束，从而检查出那些非法的盲孔。

执行菜单栏中的"设置"→"钻孔对"命令，系统弹出"钻孔对设置"对话框，如图 6-45 所示。

图 6-45　"钻孔对设置"对话框

建立钻孔层对的步骤如下：

1）单击"添加"按钮添加一对钻孔层。

2）在"起始层"和"结束层"中选择要成对的层。

3）单击"确定"按钮结束添加。

6.4.5　跳线设置

跳线可以提高电路板的适应性和其他设备的兼容性，POWERPCB 为用户提供了一个方便实用的跳线功能。这个跳线功能允许在布线时就加入到走线网络中，也允许在布好的走线网络中加入，而且可以实时在线修改。

执行菜单栏中的"设置"→"跳线"命令，则弹出如图 6-46 所示的"跳线"对话框。

从左上角"应用到"选项区域中可知跳线设置有如下两种。

图 6-46 "跳线"对话框

- "默认": 在设计中加入的任何一个跳线都是以当前的设置为依据。
- "设计": 此项设置用于统一管理或编辑当前设计中已经存在的跳线。如果当前的设计中还没有加入任何的一个跳线,则对话框中所有的设置项均为灰色无效状态,这是因为这项设置的对象只能针对设计中已经存在的跳线。一旦当前设计中存在任何一个跳线时,则"参考名称"列表框中就会出现存在的跳线参考名(如 Jumper1),可以通过选择参考名来对此设计中对应的跳线进行设置。

6.5 设计规则设置

PADS Layout 自一开始就提出了"设计即正确"的概念,即保证一次性设计正确。PADS Layout 的自信来自它有一个实时监控器(设计规则约束驱动器),以实时监控用户的设计是否违反设计规则。这些规则除了来自设计经验之外,更准确的是可以通过使用 PAD-SEDA 系统的仿真软件 HyperLynx 来对原理图进行门特性、传输性特性、信号完整性以及电磁兼容性等方面的仿真分析。这样就可得出在 PCB 设计时,为了避免这类现象的发生而必须遵守的规则。本节将详细介绍在 PADS Layout 中如何设置设计规则。

执行菜单栏中的"设置"→"设计规则"命令,则系统弹出如图 6-47 所示的"规则"对话框。

图 6-47 "规则"对话框

从图 6-47 中可知，PADS Layout 的设计规则设置总共有 11 类，即：

- "默认"设置。
- "类"设置。
- "网络"设置。
- "组"设置。
- "管脚对"设置。
- "封装"设置。
- "元器件"设置。
- "条件规则"设置。
- "差分对"设置。
- "已关联网络"设置。
- "报告"设置。

6.5.1 "默认"规则设置

在"规则"对话框中单击"默认"按钮 ，弹出如图 6-48 所示的"默认规则"对话框，共有 6 个按钮。

图 6-48 "默认规则"对话框

1）单击图 6-48 中的"安全间距"按钮 ，则系统弹出如图 6-49 所示的"安全间距规则"对话框。

图 6-49 "安全间距规则"对话框

"安全间距规则"对话框共有 4 个选项区域，介绍如下。

- "同一网络"：该项用来设置同一网络中两个对象之间边缘到边缘的安全距离。

- "线宽": 这项设置用来设置在设计中的布线宽度, 这个布线宽度值是以"建议值"为准的, 如这里的设置是 8 mil, 那么在布线时的走线宽就为 8 mil。而"最大值"和"最小值"是用来限制在修改线宽时的极限值。
- "安全间距": 设置设计中各个对象之间的安全间距值, 每两个对象设置一个安全间距值, 这两个对象以横向和纵向相交为准来配对, 如横向第 2 项是"导线", 纵向第 3 项是"焊盘", 那么在横向第 2 项"导线"下第 3 个框中的值就表示走线与元件脚焊盘的安全距离值。如果希望所有的间距都为同一值, 单击"所有"按钮, 在弹出的对话框中输入一个值即可。
- "其他": 这项设置只有两个, 一个是"钻孔到钻孔"的设置, 另一个是"元件体到元件体"的设置。

注意

默认设置是整体性的, 所以它不像其他 6 类设置那样在设置以前一定要先选择某一设置目标, 因为它们的设置是有针对性的。

2) "默认"设置中的第 2 个设置是"布线"规则设置, 布线规则设置主要针对鼠线网络和自动布线设计中的一些相关设置, 单击图 6-48 中的"布线"按钮, 则弹出如图 6-50 所示的"布线规则"对话框。从图 6-50 中可知, 布线设置有四部分, 介绍如下:

图 6-50 "布线规则"对话框

① "拓扑类型"选项区域。
- "受保护": 设置保护类型。
- "最小化": 设置长度最小化。
- "串行源": 以串行方式放置最多的管脚 (ECL)。
- "平行源": 以并行方式放置多个管脚。

● "中间向外"：以指定的网络顺序最短化和组织连接。

②"布线选项"选项区域。

● "铜共享"：布线允许连接到铜皮上。

● "自动布线"：允许在布好的线上布线。

● "允许拆线式布线"：允许重新布线。

● "允许移动已布线的网络"：允许交互布线时推挤被固定和保护的网络。

● "优先级"：设置自动布线时网络布线的优先级。

● "允许移动受保护的布线"：允许移动受保护的走线。

③"设置布线层"选项区域。

这项设置表示在布线时可以限制某些网络或网络中某两元件管脚之间的连线不能在某个层上布线。图 6-50 中在"设置布线层"选项区域内有两个小列表框，如果左边的"可用层"列表框中没有任何层选项，则表示对所有网络没有进行层布线限制。如果希望进行层布线约束设置，则可将右边"选定的层"列表框中的禁止层通过"移出"按钮移到左边的小列表框中。

④"过孔"选项区域。

同上述的布线约束一样，如果希望某种过孔不被使用，可以同上述的方法一样设置，这里不再赘述。

3）从图 6-48 中可知，"默认规则"的第 3 项设置是"高速"。大家都知道，目前设计频率是越来越高，我们都将面临高频所带来的困扰。

⚠ 注意

一般在处理高速数字设计的相互连接时主要存在两个问题：一是在计算互联信号路径引入的传播延迟时要满足时序的要求，即控制建立和保持时间、关键的时序路径和时钟偏移，同时考虑通过互联信号路径引入的传播延时；二是保持信号完整性。信号完整性一般受到阻抗不匹配影响的损害，即噪声、瞬时扰动、过冲、欠冲和串扰等都会破坏电路的设计。因此面临着对高速 PCB 设计的挑战。

单击图 6-48 中的"高速"按钮 ▓，则弹出"高速规则"对话框，如图 6-51 所示。

图 6-51 "高速规则"对话框

从 6-51 图中可知，高速规则设置分成 4 类，每一类分别介绍如下。

①"平行"选项区域。

平行度就是不同的网络在布线时保持平行走线的长度。在此设置中主要控制"长度"

212

和"间隙"两个参数值。

- ● "横向平行"：在 PCB 板同一个信号层中不同网络的平行走线长度。
- ● "纵向平行"：在 PCB 板中不同信号层上的纵向平行网络的平行走线长度。
- ● "入侵网络"：确定所定义的网络是否为干扰源。

② "规则"选项区域。

- ● "长度"：走线长度值，单位以系统设置为准。
- ● "支线长度"：T 型分支走线是指在主信号干线上由分支线与其他管脚相连或导线相连，如果分支线长度过长则会引起信号衰减或混乱。
- ● "延时"：延时以"纳秒"为单位。
- ● "电容"：设置电容的最大/最小值，以"皮法"为单位。
- ● "阻抗"：设置阻抗的最大/最小值，以"欧姆"为单位。

③ "匹配"选项区域。

"匹配长度"：设置匹配长度值。

④ "屏蔽"选项区域。

在设计中，某些网络借助于一些特殊网络在自己走线两边进行布线，从而达到屏蔽效果。值得注意的是，用作屏蔽的网络一定要是定义在平面层上的网络。

- ● "屏蔽"：确定是否使用屏蔽，如果使用，则勾选。
- ● "间隙"：网络同屏蔽网络之间的间距值。
- ● "使用网络"：选择屏蔽网络。

4）在"默认"规则中第 4 项设置是"扇出"规则，单击图 6-48 中的"扇出"按钮，弹出如图 6-52 所示的"扇出规则"对话框。

图 6-52 "扇出规则"对话框

所谓扇出就是将焊盘上的网络以走线的形式走出去。扇出的形式比较多样，从设计的可靠性考虑，需要对扇出的网络进行约束。扇出定义的规则主要是在自动布线器中使用。扇出的设置共分 6 个部分。

①"对齐"选项区域，指扇出的过孔的对齐方式。

● "对齐"：过孔排成一列对齐。

● "备选"：过孔呈交替对齐。

● "多行"：过孔可以多行排列，是前两项的可选项。

②"方向"选项区域，指扇出走线的方向，分别为向内侧、外侧和双面。

③"过孔间距"选项区域，指扇出过孔之间的距离。

● "使用栅格"：过孔在栅格上。

● "1根导线"：过孔之间可以走线1根。

● "2根导线"：过孔之间可以走线2根。

④"管脚共享"选项区域，指焊盘扇出共享过孔的方式。

● "导通管脚"。

● "SMD管脚"。

● "过孔"。

● "导线"。

⑤"网络"选项区域，指扇出的网络类型。

● "平面"：平面层网络。

● "信号"：信号网络。

● "未使用的管脚"：无用的管脚。

⑥"扇出长度"选项区域。

● "无限制"：设置扇出的长度是否需要限制。

● "最大值"：最大扇出的长度。

5) 在"默认"规则中的第5项设置是"焊盘接入"，单击图6-48中的"焊盘接入"按钮 ，弹出如图6-53所示的"焊盘接入规则"对话框。

图6-53 "焊盘接入规则"对话框

①"焊盘接入质量"选项区域，焊盘引入的质量控制，在BlazeRouter中有效，有以下4个复选框。

● "允许从边引出"：允许走线从焊盘的侧面引出。

● "运行从拐脚引出"：允许走线从焊盘的拐角中引出。

- "允许从任意角度引出"：允许走线以任何角度从焊盘中引出。
- "柔和首个拐角规则"：走线以小于90°的角度离开焊盘。

②"SMD上打过孔"选项区域。勾选"SMD上打过孔"复选框表示可以在焊盘下放置过孔。

- "适合内部"：过孔的大小应小于焊盘的大小。
- "中心"：在焊盘的中间放置过孔。
- "结束"：在焊盘的两端放置过孔。

6）在"默认"规则中的最后一项设置是"报告"主要是用来产生安全间距、布线和高速等设置的报告，单击图6-48中"报告"按钮█，弹出如图6-54所示的"规则报告"对话框。

图6-54 "规则报告"对话框

从图6-54中便知，"规则报告"输出很简单，大致分为两部分。
- "规则类型"选项区域。

从这6种规则类型中可任选输出类型，单击相应按钮即可。
- 输出内容。

当所有的选择项都选择好后，单击对话框中的"确定"按钮，系统将按所设置的输出选项内容自动打开记事本，将其设置内容输入进去。

6.5.2 "类"规则设置

前面讲述的默认设置是针对整体而言，但是在实际设计中的设置，特别是对"布线"设置和"高速"这两项设置，往往都是针对部分特殊网络来设置的，甚至是针对网络中的管脚对。不管是网络还是管脚对，很多时候有多个网络或管脚对遵守相同的设计规则，于是PADS Layout就将这些具有相同规则的网络合并在一起，称为"类"。

单击"规则"对话框（见图6-47）中的"类"按钮▓▓，则弹出如图6-55所示的"类规则"对话框。

图 6-55 "类规则"对话框

进行"类规则"设置的步骤如下：

1）如果以前没有建立任何一个类，则打开"类规则"对话框时，在对话框中"类"列表框中没有任何一个类名。这时需要先建类，单击"添加"按钮，弹出对话框询问是否建立新类，单击"确定"按钮，这时在"类"列表框中出现默认类名。

2）"类名称"文本框中的类表示当前被激活的类，其下"类"列表框中的类表示所有的类。需要改变默认的类名，选中这个类名后修改，修改完后单击右边的"重命名"按钮即可。

3）左下角的"可用"列表框中列出了当前设计的所有网络，因为类由网络组成，所以要建立类，首先在"类"列表框中选中一个类名，然后在"可用"列表框中选择这个类中包含的网络，这些网络必须遵守相同的设计规则，无规则的多项选择可按住键盘上的〈Ctrl〉键逐一选择多个网络。

4）选择好所属类的网络后，单击右边的"添加"按钮，将这些选择网络分配到右侧的"已选定"列表框中，这样就完成了一个类的建立。同样的方法建立其他类。

5）当完成了类的建立后，就可以对每一个类进行规则设置了。先在"类"列表框中选择一个类，然后单击右边需要设置的按钮，在弹出的设置窗口最上面的标题栏中是设置的类名，表示当前的设置是针对这个类而言的。同理，如果继续设置其他类，则必须先选择类的类名，然后再进行每项设置。

6）类的3项设置（安全间距、布线、高速）同本章节上述的默认设置，只不过这里的设置针对具体的某个类而言，所以设置过程不再重复讲述。通过上述步骤可以完成类的设置。建立类是对具有相同设计规则网络采用的一种简便手段，其设置的参数只对其选择的类有效，对设计中的其他网络没有任何约束力。

6.5.3 "网络"规则设置

前一小节讲述了"类"的设置，"类"是以网络为单位构成的，是对网络的一种群体设置，如果需要对网络进行设置，就要用到本节介绍的"网络"设置。

单击"规则"对话框（见图6-47）中的"网络"按钮，则弹出"网络规则"对话框，如图6-56所示，具体设置步骤如下。

图 6-56 "网络规则"对话框

1）既然是对网络设置，就必须先选择需要设置的网络。在图6-56中的"网络"列表框中列出了当前设计所有的网络，移动滚动条选择所需设置的网络名。找到网络名后在其上单击鼠标左键选择。

2）多项选择网络：选择好网络后，在选择框右边的3个设置项下面就会出现类似于电路板的3个按钮，在按钮下面将显示Selected:XXX，表明目前设置的网络对象。

3）勾选"显示具有规则的网络"复选框，在"网络"列表框中将只显示定义过规则的网络名。

4）设置网络且选择好网络，接下来就可以对网络进行设置了。有关网络的安全间距、布线和高速的设置同前面讲述的默认设置一样，只是这里的设置对象是一个特定的网络。

 小技巧

网络规则设置的对象是对某网络而言，所以在设计中如果需要对某个特殊网络定义设计规则，则可利用其网络规则设置来完成。

6.5.4 "组"规则设置

"组"跟"类"相似，只是"类"的组成单位是网络，而"组"的组成单位是"管脚对"。管脚对指的是两个元件脚之间的连接，也可以说组是管脚对集合的一种形式。这种集合形式在定义多项具有相同设计规则的管脚对时很方便。

在"规则"对话框（见图6-47）中单击"组"按钮 ，则弹出如图6-57所示的"组

图 6-57 "组规则"对话框

规则"对话框。

进行组规则设置的步骤如下：

1）如果以前没有建立过任何组，则打开"组规则"对话框时，在"组"列表框中没有组名。这时需要先建组，单击"添加"按钮，弹出对话框询问是否建立新组，单击"确定"按钮，这时在"组"列表框中出现默认组名（Group_0）。

2）"组名称"文本框中显示的是当前被激活的组的组名，其下的"组"列表框中显示的是所有的组名。需要改变默认的组名，选中这个组名后修改，修改完后单击右边的"重命名"按钮即可。

3）在"可用"列表框中列出了当前设计的所有管脚对，要建立组，首先在"组"列表框中选中一个组名，然后在"可用"列表框中选择这个组中包含的管脚对，无规则的多项选择可按住键盘上的〈Ctrl〉键逐一选择。

4）选择好所属组的管脚对后，单击右边的"添加"按钮将这些选择的管脚对分配到右边的"已选定"列表框中，这样就完成了一个组的建立。同样的道理，如果需要继续再建立组，则依照上述步骤完成即可。

5）当完成了组的建立后，就可以对每一个组进行规则设置了。先在"组"列表框中选择一个组，然后单击需要设置的按钮，在弹出的设置窗口最上面的标题栏中可以看见设置的组名，这就表示当前的设置是针对这个组而言的。同理，如果继续设置其他组，则必须先选择组的类名，然后再进行每项设置。

6）关于组的3项设置（安全间距、布线、高速），同本节上述的默认设置，这里不再重复讲述。

6.5.5 "管脚对"规则设置

前面讲述了"类"设置，它是"网络"的一种集合设置方式。同理前面讲述的"组"设置是"管脚对"的一种集合设置方式。但有时又只需要针对某一管脚对做设置，这就可以使用"管脚对"来进行设置。

在"规则"对话框中单击"管脚对"按钮 ，弹出"管脚对规则"对话框，如图6-58所示。

图6-58　"管脚对规则"对话框

"管脚对规则"设置步骤如下：

1）选择管脚对。既然是对管脚对设置，就必须先选择需要设置的管脚对。在左边的

"连线"列表框中列出了当前设计所有的管脚对，移动滚动条选择所需设置的管脚对，找到后在其上单击鼠标左键选择。

2）过滤网络。在默认状态下，"来自网络"下拉列表框中选择"所有网络"选项。假如只需要对某个网络选择管脚对，则可以在此网络列表中选择此网络，那么在"连线"列表框中将只显示该网络管脚对。

3）多项选择管脚对。当选择好管脚对之后，在选择框右边的3个设置项下面就会出现类似于电路板3个按钮，在按钮下面将显示 Selected:XXX，表明目前设置的管脚对对象。

4）显示具有规则的管脚对。勾选"显示具有规则的管脚对"复选框，在"连线"列表框中将只显示定义过规则的管脚对名。

5）设置管脚对。选择好管脚对，接下来就可以对管脚对进行设置了。

有关管脚对中安全间距、布线和高速的设置同前面讲述的默认设置一样，只是这里的设置对象是特定的管脚对。

 小技巧

管脚对是所有设置对象中范围最小的对象，这项设置在 PADS Logic 中不能进行，所以只能在 PADS Layout 中进行设置。

6.5.6 "封装"和"元器件"规则设置

封装的设计规则设置是针对封装来进行的，不同封装的管脚大小和管脚间距的大小是不同的，所以不同的封装要进行不同的规则设置。

由于相同的封装也可能有着不同的功能和速率，那么设计规则也有些不同，因此也要区别对待。

在"规则"对话框中单击"封装"按钮 ▤，弹出如图6-59所示的"封装规则"对话框，在"封装"列表框中选择需要设置的封装，然后设置相应的设计规则，如安全间距、布线、删除和焊盘入口。

图6-59 "封装规则"对话框

在"规则"对话框中单击"元器件"按钮 ⚡，则弹出"元器件规则"对话框，如图 6-60 所示，元器件的规则设置与封装的类似，这里不再赘述。

图 6-60 "元器件规则"对话框

6.5.7 "条件规则"设置

在前面几个小节中都介绍了对"安全间距"的设置，其规则优先级顺序是，如果在"类""网络""组"和"管脚对"中没有设置规则的对象，则一律以默认设置为准。但是如果使用主菜单"设置"→"设计规则"→"条件规则设置"，则设置的优先级将高于这几种设置，也就是在设计中遇到有满足条件规则设置的情况，系统一律优先以条件规则约束条件为准。

在"规则"对话框中单击"条件规则"按钮 ⚡，则系统弹出如图 6-61 所示的"条件规则设置"对话框。

图 6-61 "条件规则设置"对话框

条件规则设置的操作步骤如下。

1）选择"源规则对象"。在图 6-61 中，首先要选择源规则对象，在选择之前应确定源规则对象所属类别（比如网络或者管脚对等），然后在所属类别之前选中单选按钮。

2）选择"针对规则对象"。有了源规则对象，就必须为它选择相对的规则对象。相对规则对象的选择与源规则对象一样，这里不再重复。值得注意的是，相对规则对象可以选择"层"。

3）选择规则应用层。选择好源规则对象和相对规则对象后，还必须确定这两个对象在哪一板层上才受下列设置参数的约束，在"应用到层"下拉列表框中选择一个板层即可。

4）建立相对关系。当源规则对象和相对规则对象以及它们所应用的层都选择好之后，单击"创建"按钮，则可建立它们之间的相对关系，在"当前规则集"选项区域内就会出现这一新的相对项。

5）规则设置。在"当前规则集"选项区域内选择一个选项，然后在"当前规则集"选项区域内即可单独对选择的选项做安全间距和高速两项设置。

6.5.8 "差分对"规则设置

差分对设置允许两个网络或两个管脚对一起定义规则，但这些规则并不能进行在线检查和设计验证，只是用于自动布线器。

在"规则"列表框中单击"差分对"按钮 ，则弹出"差分对"对话框，如图 6-62 所示。

图 6-62 "差分对"对话框

"差分对"设置步骤如下。

1）选择类型。"差分对"对话框中有 3 个选项卡，可以选择需要设置规则的差分对类型，即"网络""管脚对"或"关联的网络"。

2）清理环境。在开始建立差分对之前，单击"新建"按钮。

3）建立差分对。在"可用"列表框中选择一个网络或管脚对，单击"添加"按钮，再选择一个网络或管脚对，单击"添加"按钮，然后在"最小值"文本框中输入最短长度值，在"最大值"文本框中输入最大长度值，一个差分对即建成。

6.5.9 "报告"规则设置

单击"规则"对话框中的"报告"按钮 ▊，则弹出如图 6-54 所示的对话框，其使用方法与 6.5.1 节中介绍的一样，这里不再赘述。

6.6 网络表的导入

网络表是原理图与 PCB 图之间的联系纽带，原理图的信息可以通过导入网络表的形式完成与 PCB 之间的同步。在进行网络表的导入之前，需要装载元件的封装库并对同步比较器的比较规则进行设置。

6.6.1 装载元件封装库

由于 PADS 采用的是集成的元件库，因此对于大多数设计来说，在进行原理图设计的同时便装载了元件的 PCB 封装模型，一般可以省略该项操作。但 PADS 同时也支持单独的元件封装库，只要 PCB 文件中有一个元件封装不是在集成的元件库中，则用户就需要单独装载该封装所在的元件库。元件封装库的添加与原理图中元件库的添加步骤相同，这里不再赘述。

6.6.2 导入网络表

将原理图网络表送入 PADS Layout 有两种方式，如果是用其他的软件来绘制的原理图，那么只有将原理图产生出一个网络表文件，然后直接在 PADS Layout 中执行菜单栏中的"文件"→"导入"命令并输入这个网络表文件即可。

但如果是使用 PADS Logic 绘制的原理图，则只需执行菜单栏中的"工具"→"PADS Layout"命令，系统就会弹出一 OLE 动态链接 PADS Layout 对话框，如图 6-63 所示。

"PADS Layout 链接"对话框就好像一座桥梁，将 PADS Layout 与 PADS Logic 动态地链接起来，通过这个对话框可以随时在这两者之间进行数据交换，实际上，从 PADS Logic 中自动将原理图送入 PADS Layout 中也是这个道理。

打开"设计"选项卡，如图 6-64 所示。单击"发送网表"按钮，系统会自动将原理图网络链接关系传入到 PADS Layout 中，但是有时由于疏忽会出现一些错误，传送网表时系统会将这些错误信息记录在记事本中。

图 6-63　OLE 动态链接 PADS Layout

图 6-64　"设计"选项卡

勾选"显示网表错误报告"复选框，当网表传送完之后会将记事本自动打开，如图 6-65 所示，这时可以将这些错误信息打印下来，然后逐一去解决它们，直到没有错误为止，这样才算成功地将原理图网表传送到 PADS Layout 中。

图 6-65　传送网表信息

6.6.3　打散元件

当完成了一些有关的设置后，在进行布局之前由于原理图从 PADS Logic 中传送过来之后全部都是放在坐标原点的，这样不但占据了板框面积而且也不利于对元件的观察，同时还给布局带来了不便，因此必须将这些元件全部打散放到板框外面。

执行菜单栏中的"工具"→"分散元件"命令，弹出如图 6-66 所示的提示对话框，单击"是"按钮，可以看到元件被全部散开到板框线以外（除了被固定的元件外），并有序地排列开来，如图 6-67 所示。

图 6-66　散开元件提示对话框

图 6-67 散开元件后的结果

6.7 元件布局

在 PCB 设计中，布局是一个重要的环节。布局结果的好坏直接影响布线的效果，因此可以这样认为，合理的布局是 PCB 设计成功的关键一步。

布局的方式分两种，一种是交互式布局，另一种是自动布局，一般是在自动布局的基础上用交互式布局进行调整。在布局时还可根据走线的情况对门电路进行再分配，将两个门电路进行交换，使其成为便于布线的最佳布局。在布局完成后，还可对设计文件及有关信息在原理图中进行返回标注，使得 PCB 板中的有关信息与原理图一致，以便在今后的建档和更改设计时能同步起来，同时对模拟的有关信息进行更新，使得能对电路的电气性能及功能进行板级验证。

1. 考虑整体美观

一个产品的成功与否，一是要注重内在质量，二是兼顾整体的美观，两者都较完美才能认为该产品是成功的。

在一个 PCB 板上，元件的布局要求要均衡且疏密有序，不能头重脚轻或一头沉。

2. 布局的检查

- 印制板尺寸是否与加工图纸尺寸相符？能否符合 PCB 制造工艺要求？有无定位标记？
- 元件在二维、三维空间上有无冲突？
- 元件布局是否疏密有序，排列整齐？是否全部布完？
- 需经常更换的元件能否方便地更换？插件板插入设备是否方便？
- 热敏元件与发热元件之间是否有适当的距离？
- 调整可调元件是否方便？
- 在需要散热的地方，是否装了散热器？空气流是否通畅？
- 信号流程是否顺畅且互连最短？
- 插头、插座等与机械设计是否矛盾？
- 线路的干扰问题是否有所考虑？

224

6.7.1 PCB 布局规划

在 PCB 设计中，PCB 布局是指对电子元器件在印刷电路上如何规划及放置的过程，它包括规划和放置两个阶段。关于如何合理布局，则应当考虑 PCB 的可制性、合理布线的要求、某种电子产品独有的特性等。

1. PCB 的可制造性与布局设计

PCB 的可制造性是指设计出的 PCB 要符合电子产品的生产条件。如果是试验产品或生产量不大需要手工生产，可以较少考虑；如果需要大批量生产，是需要上生产线生产的产品，则 PCB 布局就要做周密的规划。需要考虑贴片机、插件机的工艺要求及生产中不同的焊接方式对布局的要求，严格遵照生产工艺的要求，这是设计批量生产的 PCB 应当首先考虑的。

当采用波峰焊时，应尽量保证元器件的两端焊点同时接触焊料波峰。当尺寸相差较大的片状元器件相邻排列，且间距很小时，较小的元器件在波峰焊时应排列在前面，先进入焊料池。还应避免尺寸较大的元器件遮蔽其后尺寸较小的元器件，以免造成漏焊。板上不同组件相邻焊盘图形之间的最小间距应在 1 mm 以上。

元器件在 PCB 板上的排向，原则上是随元器件类型的改变而变化，即同类元器件尽可能按相同的方向排列，以便元器件的贴装、焊接和检测。布局时，DIP 封装的 IC 摆放的方向必须与过锡炉的方向垂直，不可平行。如果布局上有困难，可允许水平放置 IC（SOP 封装的 IC 摆放方向与 DIP 相反）。

元件布置的有效范围：在设计需要到生产线上生产的 PCB 板时，X、Y 方向均要留出传送边，每边 3.5 mm，如不够，需另加工艺传送边。在印制电路板中，位于电路板边缘的元器件离电路板边缘一般不小于 2 mm。电路板的最佳形状为矩形，长宽比为 3∶2 或 4∶3。电路板面尺寸大于 200 mm × 150 mm 时，应考虑电路板所受的机械强度。

在 PCB 设计中，还要考虑导通孔对元器件布局的影响，避免在表面安装焊盘以内，或在距表面安装焊盘 0.635 mm 以内设置导通孔。如果无法避免，则需用阻焊剂将焊料流失通道阻断。作为测试支撑导通孔，在设计布局时，需充分考虑不同直径的探针进行自动在线测试（ATE）时的最小间距。

2. 电路的功能单元与布局设计

PCB 中的布局设计中要分析电路中的电路单元，根据其功能合理地进行布局设计，对电路的全部元器件进行布局时，要符合以下原则：①按照电路的流程安排各个功能电路单元的位置，使布局便于信号流通，并使信号尽可能保持一致的方向；②以每个功能电路的核心元件为中心，围绕它来进行布局，元器件应均匀、整齐、紧凑地排列在 PCB 上，尽量减少和缩短各元器件之间的引线和连接；③在高频下工作的电路，要考虑元器件之间的分布参数，一般电路应尽可能使元器件平行排列。这样，不但美观，而且装焊容易，易于批量生产。

3. 特殊元器件与布局设计

在 PCB 设计中，特殊的元器件是指高频部分的关键元器件、电路中的核心器件、易受干扰的元器件、带高压的元器件、发热量大的器件以及一些异形元器件等。这些特殊元器件的位置需要仔细分析，做到布局合乎电路功能的要求及生产的要求，不恰当地放置它们，可能会产生电磁兼容问题和信号完整性问题，从而导致 PCB 设计的失败。

在设计如何放置特殊元器件时，首先要考虑 PCB 尺寸大小。当 PCB 尺寸过大时，印制线条长，阻抗增加，抗噪声能力下降，成本也增加；过小，则散热不好，且邻近线条易受干扰。在确定 PCB 尺寸后，再确定特殊元件的位置。最后，根据电路的功能单元，对电路的全部元器件进行布局。特殊元器件的位置在布局时一般要遵守以下原则：

1）尽可能缩短高频元器件之间的连线，设法减少它们的分布参数和相互间的电磁干扰。易受干扰的元器件不能相互挨得太近，输入和输出元器件应尽量远离。

2）某些元器件或导线之间可能有较高的电位差，应加大它们之间的距离，以免放电引起意外短路。带高电压的元器件应尽量布置在调试时手不易触及的地方。

3）重量超过 0.015 kg 的元器件，应当用支架加以固定，然后焊接。那些又大又重、发热量多的元器件，不宜装在印制板上，而应装在整机的机箱底板上，且应考虑散热问题。热敏元件应远离发热元件。

4）对于电位器、可调电感线圈、可变电容器、微动开关等可调元器件的布局，应考虑整机的结构要求。若是机内调节，应放在印制板上方便调节的地方；若是机外调节，其位置要与调节旋钮在机箱面板上的位置相适应。

5）应留出印制板定位孔及固定支架所占用的位置。

一个产品的成功与否，一是要注重内在质量，二是兼顾整体的美观，两者都较完美才能认为该产品是成功的。在一个 PCB 板上，元器件的布局要求要均衡，疏密有序，不能头重脚轻或一头沉。

4. 布局的检查

1）印制板尺寸是否与图纸要求的加工尺寸相符，是否符合 PCB 制造工艺要求，有无定位标记。

2）元器件在二维、三维空间上有无冲突。

3）元器件布局是否疏密有序，排列整齐，是否全部布完。

4）需经常更换的元器件能否方便地更换，插件板插入设备是否方便。

5）热敏元器件与发热元器件之间是否有适当的距离。

6）调整可调元器件是否方便。

7）在需要散热的地方，是否装了散热器，空气流是否通畅。

8）信号流程是否顺畅且互连最短。

9）插头、插座等与机械设计是否矛盾。

10）线路的干扰问题是否有所考虑。

6.7.2 布局步骤

面对着如此多的元件应该如何去将它们放到板框内呢？这对于工程人员来讲，如果碰见比较复杂的 PCB 板有时难免会变得茫然，就更不用说 PCB 设计新手了。

其实只要自己多总结，将其步骤化，到时按部就班，这就省事多了。下面是笔者总结的一点布局经验提供给大家参考。布局大概分为 5 步，具体如下：

1）放置板中固定元件。

2）设置板中有条件限制的区域。

3）放置重要元器件。

4）放置比较复杂或面积比较大的元器件。

5）根据原理图，将剩下的元器件分别放到上述已经放好的元器件周围，最后整体调整。

为什么把放置固定元器件放在布局的第 1 步呢？其实很简单，因为固定件在板中的位置最主要是根据这 PCB 板在整个产品系统结构中的位置来决定的，当然也有可能由其他原因决定。不管由什么原因决定，总之这些固定的位置一旦确定下来是不可以随便改动的，不用说改动，有时就是有误差都可能导致心血付之东流。

放置好固定件之后，布局的第 2 个步骤需要设置一些条件区域，这些条件区域会对设置的区域进行某种控制，使得元器件、走线或其他对象不可以违背此限制。为什么将其放在第 2 步呢？因为固定件已经考虑了这个条件，不受此约束，但是对于其他元器件则必须考虑了。

在电路板上最通常的控制是对板上某个区域器件高度限制、禁止布线限制及不允许放入测试点限制等。这些限制条件有必要而且有些是必须考虑的。

设置好局部区域限制条件之后进入布局设计的第 3 步，现在可以将一些比较重要的元器件放入板框中了，因为这些元器件（特别是对于高频电路）在设计上可能对其有一定的要求，其中包括它的引脚走线方式等，所以必须先考虑它们，否则会给以后的设计带来一连串的麻烦。

放置完重要元件后，剩下的元器件都是平等的，不过根据设计经验，还是必须先放置那些比较大或比较复杂的元器件，因为这些元器件（特别是元器件脚较多的元器件）包括的网络较多，放置好它们之后就可以参考网络连接或设计要求来放置最后剩余的元器件，不过在放置最后剩余的元器件时最好参考原理图来放置。

6.7.3　PCB 自动布局

PADS Layout 系统提供了两种布局方式，其中一种布局方式是自动智能簇布局。智能簇布局器是一个交互式和全自动多遍无矩阵布局器，可进行半自动或全自动的概念定义和布局操作，可人工、半自动或全自动地进行簇的布局、子簇的布局，可打开簇进行单元和元器件的布局和调整以及布局优化等工作，也可单独使用对其中的某一部分进行一遍或几遍的反复调整，直到布局效果达到最佳状态。

打开自动簇布局器。在 PADS Layout 中，执行菜单栏中的"工具"→"簇布局"命令，则弹出如图 6-68 所示的"簇布局"对话框。

自动簇布局器是一个交互全自动的多遍无矩阵布局器，采用概念定义、交互操作和智能识别等方法，用以实现对大规模、高密度和复杂电路的设计以及大量采用表面安装器件（SMD）和 PGA 器件的 PCB 设计自动布局。

自动簇布局器一共有 3 个工具，分别用于建立簇、放置簇和放置元件。

1. 建立簇

这个工具可以将在板框外的对象自动创建一个新的簇，其设置如图 6-69 所示。

图 6-68 "簇布局"对话框

图 6-69 "创建簇设置"对话框

- 每簇最大组件数：设置每个簇包含的元件的最大个数。如果勾选"无限制"复选框，则表示不加以限制。
- Min Top Level Count：设置最小的顶层簇的数量。一个顶层簇的意思指这个簇没有被其他的簇所包含。
- 新建簇：是否创建新的簇。
- 无胶元件编号：当前没有被锁定的元件的数目。
- 创建模式：簇分为开放簇和保守簇。

2. 放置簇

簇的布局的设置如图 6-70 所示。

图 6-70 "簇放置设置"对话框

（1）元件放置规则

- 板框间距：设置簇到板框的最小间距。
- 元件交换比率：设置簇之间的距离，0 为最小间距，100% 为最大间距。
- 自动、手动：自动或手动设置布局规则。

（2）尽力级别

指对布局的努力程度，PADS Layout 提供了 3 个选项，即"建议值""高"和"让我来指定"。布局的努力程度分为两个部分，分别是"创建通过"的努力程度和"小范围微调"的努力程度。

- 重复操作次数：对簇布局的次数。
- 每次重复操作尝试次数：每次布局的尝试，增加这个值可以使元件和固定的元件结合得更加紧密。
- 源自元件的交换比率：在布局时，需要重新对元件、簇或组合进行定位，增加这个值可以增加对元件、簇或组合进行交换的概率。
- 簇安全间距：元件扩展的范围。

（3）创建通过
- 放置簇：是否对簇进行布局，如果用户已经对簇进行了布局，则可取消勾选此复选框。
- 起始点：如果设置了对簇进行布局，就要设置布局的开始点。"当前位置"——如果元件已经放置在板框内，则可以选中此单选按钮，这样可以保持元件的位置；"随机位置"——在板框内的任意位置进行布局。

（4）小范围微调
微调布局，勾选"调整簇"复选框，然后便可以通过改变其下的参数对布局进行微调。

（5）在屏幕上显示
是否将布局的过程在屏幕上显示。

3. 放置元件

"元件放置设置"对话框如图6-71所示。

图6-71 "元件放置设置"对话框

（1）元件放置规则
布局规则，同簇布局的设置相同。

（2）创建通过
- 放置元件：是否对元件进行布局，如果元件已经进行了布局且只需要微调，则可以取消勾选此复选框。
- 尽力级别：和簇布局的意义相同。
- 起始点：和簇的意义相同。

（3）提高通过率

● 消除重叠：是否要消除元件重叠的情况。

● 允许的最小扩展比率：设置最小的元件空间扩展的比例。

（4）小范围微调

● 对齐元件：布局微调时，相邻的元件是否要对齐。

● 仅当没有重叠时：布局微调时，相邻的元件要对齐的前提是没有元件叠加的情况。

（5）在屏幕上显示

是否将布局的过程在屏幕上显示。

6.7.4 PCB 手动布局

PADS Layout 系统提供的另一种布局方式是手工布局，手工布局可以使用"查找"工具进行元器件的迅速查找、多重选择和按顺序移动。系统具有元器件的自动推挤、自动对齐、元器件位置互换、任意角度旋转、极坐标方式放置元件、在线切换 PCB 封装、镜像和粘贴等。功能元器件移动时能够动态飞线重连、相关网络自动高亮、指示最佳位置和最短路径。一般操作步骤分为布局前的设置、散开元件、放置元件 3 步。

1. 布局前的设置

当开始布局设计以前，很有必要进行一些布局的参数设置，如设计栅格一般设置成 20 mil（输入直接快捷命令 G 20 即可）、PCB 板的一些局部区域高度控制等，这些参数的设置对于布局设计来讲可带来方便甚至是必不可少的。

除此之外，对于一些比较特殊而且非常重要的网络，特别是对于高频设计电路中的一些高频网络，这种设置就显得更有必要，因为将这些特殊的网络分别用不同的颜色显示在当前设计中，这样在布局设计时就可以将这些特殊网络的设计要求（如走线要求）考虑进去，不至于在以后的设计中再进行调整。

设置网络的颜色首先单击菜单"查看"，再选择"查看"菜单中的子菜单"网络"，则弹出如图 6-72 所示的"查看网络"窗口。

图 6-72 "查看网络"窗口

在这个窗口中有两个并列的列表框，左边的"网表"列表框中显示了当前设计中的所有网络，右边的"查看列表"列表框中显示的是需要设置特殊颜色及进行其他一些设置的网络，可以通过"添加"按钮将左边列表框中的网络增加到右边，也可通过"移除"按钮将右边的网络还回到左边。

当进行特殊网络颜色设置时，首先将需要设置的网络从"网表"列表框中通过"添加"按钮传送到"查看列表"列表框中。然后在"查看列表"列表框中选择一个网络，再单击窗口"按网络（焊盘、过孔、未布的线）设置颜色"选项区域内的某一个颜色块下面的对应凹陷圆圈，这样就完成了一个网络的颜色设置。依次类推，可以按这种设置步骤再设置多个网络。当这些特殊网络的颜色设置完成之后单击"确定"按钮，这时这些特殊的网络在当前的设计中就以设置的颜色分别显示出来了。

有时有些网络（特别是设计多层板时的地线网络和电源网络）在布局时并不需要考虑它们的布线空间，如果全都显示出来难免显得杂乱，实际中常常先将它们隐去而不显示出来，这时只需在对某一网络进行特殊颜色设置时，在"查看未布的线的详情"选项区域内选中"未布线的管脚对"单选按钮即可。

2. 散开元件

当完成了一些有关的设置后，在进行布局之前由于原理图从 PADS Logic 中传送过来之后全部都是放在坐标原点的，这样不但占据了板框面积而且也不利于对元件观察，且给布局带来了不便，所以必须将这些元件全部打散放到板框外面。

在 PADS Layout 中只需要选择"工具"菜单中的"分散元器件"子菜单，这时弹出询问对话框，如图 6-73 所示，询问"确定要开始分散操作?"，单击"是"按钮，则 PADS Layout 系统就会自动将所有的元件分类放在板框外，如图 6-74 所示。

图 6-73　询问提示框

图 6-74　散开元件

3. 放置元件

在整个布局设计中，掌握好元件的各种移动方式对于快速布局是不可缺少的一部分。一般来讲，元件的移动方式最基本的只有两种，一种是水平和垂直移动，另一种是极坐标移动。不过，一般移动元件前有时需要建立一些群组合，这会给移动带来方便，下面就分别介绍如何建立群组合及各种移动方式。

（1）建立元件群组合

当在进行 PCB 布局设计或其他一些操作时，我们常希望将某些相关元件结合成一个整体，最常见的是一个 IC 元件和它的去耦电容。当建立了这种组合之后，它们就会成为另一个新的整体，对其进行移动或其他操作时，这个组合就像一个元件一样整体移动或做其他动作。

打开一个 PCB 设计文件，下面介绍如何建立一个最基本的群组合（一个 IC 元件同它的去耦电容）。

首先用寻找命令调出一个 IC 元件 U5，将其放好，然后再用寻找命令找出一个与它对应的去耦电容，将这个去耦电容放在 U1 的电源脚位旁，调整好位置之后，选中 U1 将其点亮，然后按〈Ctrl〉键，再选中电容 C5，使其点亮，现在 U5 同 C5 都同时处于点亮状态，单击鼠标右键，在弹出的快捷菜单中单击"创建组合"命令，则弹出"组合名称定义"对话框，如图 6-75 所示。

图 6-75 "组合名称定义"对话框

系统默认的群组合名是 UNI_1，如果想重新命名这个组合，则在此对话框中输入一个新的组合名，然后单击"确定"按钮，一个新的组合就建立完毕。

（2）采用最先进的原理图驱动放置元件并进行布局设计

有很多的工程人员对于布局设计并不太重视，其实 PCB 布局设计是否合理对于以后的布线设计及其他一些设计都是举足轻重的，所以尽可能在布局设计时就将有关的条件都考虑进去，以免给以后的设计带来麻烦。

另外，可以通过 OLE 将 PADS Logic 与 PADS Layout 动态地链接起来，下面介绍如何利用这种动态链接关系来使用原理图驱动放置元件及布局。

首先，在 PADS Layout 中打开一个原理图文件，启动 PADS Layout，将 PADS Layout 与 PADS Logic 通过 OLE 动态链接起来，再将原理图网络表传入 PADS Layout 中。

将网络表传入 PADS Layout 中以后，在 PADS Layout "标准"工具栏中单击"设计"按钮，在弹出的"设计"工具栏中单击"移动"按钮，然后就可以利用原理图驱动来从原理图中单击某元件，然后直接在 PADS Layout 中放置该逻辑元件所对应的 PCB 封装。

再在 PADS Logic 中选中一个原理图元件，当点亮原理图中某一元件时，这个元件在 PADS Layout 中所对应的 PCB 元件也同时被点亮，然后将此元件从 PADS Logic 中移到 PADS Layout 中。这时鼠标移到 PADS Layout 设计环境中时，这个被点亮的 PCB 元件会自动出现在光标上，将它移动到一个确定的位置后单击鼠标左键则将其放好。

依次类推，可以将原理图中所有元件按这种方法放入 PADS Layout 中。利用这种原理图驱动的方法来放置元件非常方便、直观，从而大大提高了工作效率，且使设计变得轻松有趣。

（3）水平、垂直移动元件放置

一般移动元件的步骤是先在"标准"工具栏中单击"设计"按钮▦，在弹出的"设计"工具栏中单击"径向移动"按钮▧，然后选择需要移动的元件进行移动。有时也可以先点亮一个元件再单击鼠标右键，在弹出的快捷菜单中单击"径向移动"命令即可对一个元件进行移动。

上述两种方法对于移动元件来讲并非最方便的，更多的时候只需点亮某个元件后将十字光标放在该元件上，按住鼠标左键不放移动鼠标，则这个元件就可以移动了。当然这种移动方式是有条件的，需要执行菜单栏中的"工具"→"选项"命令，在弹出的"选项"对话框中选择"全局"→"常规"选项卡，在"拖动"选项组下将其设置成"拖动并附着"或"拖动并放下"，如果设置成"无拖动"项，则表示关闭了这种移动方式。

在很多的情况下，被移动的元件经常需要改变状态，如旋转 90°等，这时只需在移动状态下单击鼠标右键，在弹出的快捷菜单中选择想改变的状态选项即可。当然也可以利用菜单"编辑"→"移动"的快捷键〈Ctrl + E〉。

 小技巧

实际上，在元件移动状态时，用键盘上的〈Tab〉键来改变元件的状态是最好的方式，试试看吧。

如果需要对一个放置好了的元件在原地改变状态，则可以使用"设计"工具栏下的按钮，它们分别是"旋转"按钮▤、"绕原点旋转"按钮▧、"交换元件"按钮▤。当然也可以先点亮某个元件，再单击鼠标右键，在弹出的快捷菜单中选择某个选项来改变元件状态。

除了单个元件移动之外，很多时候常需要做整体块移动、组合移动。当做块移动时，可以按住鼠标左键不放，然后移动拖出一个矩形框，矩形框中目标被点亮，这些被点亮的目标就可以同时被作为一个整体来移动了。但有时矩形框中的某些被点亮的目标并不都是所希望移动的，这就需要在选择目标前先用过滤器把所不希望移动的目标过滤掉。同理，在移动组合体时也需要先在过滤器中选择"选择组合"→"元器件"，然后才可以点亮组合体而进行移动。

总之，不管是移动还是改变元件状态，在实际过程中多总结，多试试，看哪一种方式才是自己认为最方便的。

（4）"径向移动"元件放置

"径向移动"实际上就是常说的极坐标移动。在 PCB 设计中虽然不常用，但如果没有这种移动方式，有时极不方便，因为设计某些产品时，需要将元件以极坐标的方式来放置。

单击"标准"工具栏中的"设计工具栏"按钮▦，在弹出的"设计"工具栏中单击"径向移动"按钮▧，再选择需要移动的元件，也可先点亮元件后选功能图标。其时很多时候，选择点亮了目标之后单击鼠标右键，从弹出的快捷菜单中单击"径向移动"命令就可以了。当选择了"径向移动"方式后，极坐标会自动显示出来，然后就可以参考坐标，放置好元件，如图 6-76 所示。

在进行极坐标移动之前一般都要对其设置，以适合自己的设计要求。关于极坐标的设置：执行菜单栏中的"工具"→"选项"命令，在弹出的"选项"对话框中选择"栅格和捕获"→"栅格"选项卡，单击"径向移动设置"按钮，则弹出"径向移动设置"窗口，如图 6-77 所示。

图 6-76　极坐标移动

图 6-77　"径向移动设置"窗口

现将图 6-77 中的有关参数含义解释如下。

1）极坐标原点。

● X：原点的 X 坐标。

● Y：原点的 Y 坐标。

2）内圈半径：靠近原点的第一个圆环跟原点的径向距离，默认值为 700。

3）半径增量：除第一个圆环外，其他各圆环之间的径向距离，默认值为 200。

4）角度参数：角度参数设置。

● 起始角度：起始角度值。

● 角度范围：整个移动角度的范围。

● 角度增量：最小移动角度。

● 每个环的数量：在移动角度范围内最小移动角度（Delta Angle）的个数。

● 已锁定：锁定某选项，默认是锁定"角度范围"项，被锁定的选项不可以被改变。

● 顺时针：顺时针方向。

● 逆时针：逆时针方向。

5）移动选项：当移动元件时的参数设置。

● 自动旋转：移动元件时自动调整元件状态。

● 分散：移动元件时自动疏散元件。

● 使用不连续的半径：移动元件时可以在径向上进行不连续地移动元件。

● 使用不连续的角度：移动元件时在角度方向上可以不连续地移动元件。

6）极坐标方向：极坐标的方向设置。

● 初始：使用最初的方向。

● 让我来指定：由自己设置方向。

6.7.5　动态视图

执行菜单栏中的"查看"→"3D 视图"→"动态视图"命令，弹出如图 6-78 所示的动态视图窗口。在视图中可以利用鼠标操作来旋转和移动电路板，也可以利用窗口中的菜单命令和工具栏中的命令，这里不再赘述。

图 6-78　动态视图窗口

6.8　元件布线

在 PCB 设计中，布线是完成产品设计的重要步骤，可以说前面的准备工作都是为它而做的。在整个 PCB 中，以布线的设计过程限定最高、技巧最细、工作量最大。

6.8.1　布线原则

做 PCB 时是选用双面板还是多层板，要看最高工作频率和电路系统的复杂程度以及对组装密度的要求来决定。当时钟频率超过 200 MHz 时，最好选用多层板。如果工作频率超过 350 MHz，则最好选用以聚四氟乙烯作为介质层的印制电路板，因为它的高频衰耗要小些，寄生电容要小些，传输速度较快，对印制电路板的走线有如下原则要求：

1）所有平行信号线之间要尽量留有较大的间隔，以减少串扰。如果有两条相距较近的信号线，则最好在两线之间走一条接地线，这样可以起到屏蔽作用。

2）设计信号传输线时要避免急拐弯，以防因传输线特性阻抗的突变而产生反射，要尽量设计成具有一定尺寸的均匀的圆弧线。

3）印制线的宽度可根据上述微带线和带状线的特性阻抗计算公式来计算，印制电路板上的微带线的特性阻抗一般在 50～120 Ω 之间。要想得到大的特性阻抗，线宽必须做得很窄，但很细的线条又不容易制作。综合各种因素考虑，一般选择 68 Ω 左右的阻抗值比较合适，因为选择 68 Ω 的特性阻抗，可以在延迟时间和功耗之间达到最佳平衡。一条 50 Ω 的传输线将消耗更多的功率；较大的阻抗固然可以使消耗功率减少，但会使传输延迟时间增长。由于负线电容会造成传输延迟时间的增长和特性阻抗的降低，但特性阻抗很低的线段单位长度的本征电容比较大，因此传输延迟时间及特性阻抗受负载电容的影响较小。具有适当端接的传输线的一个重要特征是，分枝短线对线延迟时间基本没有影响。当 Z0 为 50 Ω 时，分枝

235

短线的长度必须限制在2.5cm以内，以免出现很大的振铃。

4）对于双面板（或六层板中走四层线）电路板两面的线要互相垂直，以防止因互相感应而产生串扰。

5）印制板上若装有大电流元器件，如继电器、指示灯、喇叭等，它们的地线最好分开单独走，以减少地线上的噪声，这些大电流元器件的地线应连到插件板和背板上的一个独立的地总线上，且这些独立的地线还应与整个系统的接地点相连接。

6）如果板上有小信号放大器，则放大前的弱信号线要远离强信号线，且走线要尽可能的短，如有可能还要用地线对其进行屏蔽。

6.8.2 布线方式

PADS Layout 发展到今天，在其机械手工布线和智能布线功能方面发展得相当成熟，具有几个交互式和半自动的布线方式，利用这些先进的智能化布线工具可大大缩短设计时间。

单击"标准"工具栏中的"设计工具栏"按钮▓，在弹出的"设计"工具栏中包括5种布线方法：

- 添加布线。
- 动态布线。
- 自动布线。
- 草图布线。
- 总线布线。

6.8.3 布线设置

在5种布线方式中，除了"添加布线"布线方式以外，其他布线方式都必须在线设计规则 DRC 打开的模式下才可以进行操作，这是因为这些布线方式在布线过程中，所有的设计规则都是计算机根据在线规则检查来控制的。

执行菜单栏中的"工具"→"选项"命令，在弹出的"选项"窗口中选择"设计"选项卡，如图6-79所示，在"在线 DRC"选项区域内选中除"禁用"单选按钮外的其余3个选项，才可操作其余布线模式。

关于 DRC（在线规则检查）模式，PADS Layout 提供了4种选择，在布线过程中可以选择任意一种来进行操作，这4种方式介绍如下。

- 防止错误：这种模式要求非常严格，在布线过程中系统会严格按照在设计规则中设置的规则来控制走线操作，当违背规则时，系统将马上阻止继续操作，除非改变违规状态，但同时因为动态布线具有智能自动调整功能，所以在遇到有违背规则现象时，系统会进行自动排除。在设计过程中可使用直接命令"DRP"随时切换到此模式下。
- 警告错误：这种模式比上述"防止错误"要宽大得多，当在布线或布局过程中有违背安全间距规则现象时，允许继续操作，并产生出错误信息报告。但在布线过程中不允许出现走线交叉违规现象。可使用直接命令"DRW"随时切换到此模式下。
- 忽略安全间距：在布线时禁止布交叉走线，其他一切规则忽略，可使用直接命令"DRI"随时切换到此模式下。
- 禁用：完全关闭 DRC（在线设计规则检查），允许一切错误出现，完全人为自由操

图6-79 "设计"选项卡

作。"添加布线"布线方式可以在 DRC 的 4 种模式下工作，而其他 4 种布线方式只能在 DRC 的"防止错误"模式下操作，所以在应用时要引起注意。

6.8.4 添加布线

"添加布线"的布线方式是最原始且最基本的布线方式，可以在在线设计检查打开或关闭的状态下操作。在整个布线过程中，它不具有任何的智能性，所有的布线要求如拐角等都必须人为地完成。所以也可称它为机械布线方式。

在开始布线前，不妨检查一下设计栅格设计，因为设计栅格是移动走线的最小单位，其设置最好依据线宽和线距的设计要求来设置，使线宽和线距之和为其整数倍，这样就方便控制其线距了。

在"设计"工具栏中单击"添加布线"按钮，激活走线模式，单击所需布线的鼠线即可开始布线，当布线开始后，可单击鼠标右键，从弹出的快捷菜单中选择所需的功能命令，如图6-80 所示。

功能菜单中的命令都是走线要用到的，有了这些功能就可以完成走线。弹出菜单中大部分的命令所执行的功能都可以用快捷键和直接命令来代替，所以在布线设计时几乎都是采用其对应的快捷键和直接命令，这样就大大提高了布线效率。

下面介绍一些在布线过程中经常用的功能：

● 添加拐角：可以在图6-80 中单击"添加拐角"命令来完成，而实际上最快的方法是在需要拐角的地方单击鼠标左键就可以了。

● 添加过孔：图6-80 中的"添加过孔"命令可以执行此功能，实际中只需按住键盘上的〈Shift〉键，然后单击或按〈F4〉键就可以自动增加过孔。当需要改变目前的过

孔类型时，输入直接命令"V"即可从当前所有的过孔类
型中选择一个所需的过孔类型，当然也可以单击图6-80
中"过孔类型"命令来执行。

图6-80　布线功能菜单

- 层切换：增加过孔实际上也是一种换层操作，但是它所转
  换的层只能是当前的层对，意思是如果当前的层对是第1
  层和第4层，那么使用增加过孔来换层只能在第1和第4
  层之间转换。当然可以使用直接命令"PL"来随时在线改
  变层对设置，然后再用增加过孔来换层，所以如果直接命
  令"PL"同增加过孔配合使用就可以达到任意换层的目
  的。除此之外，可以单独使用直接命令"L"随时在线切
  换走线层。
- 备份：走线过程中往往有时走了一段后忽然发现有点不
  对，但是并不想放弃已经走好的一部分，只希望返回到某
  一段，这时可以仍然处于继续走线模式下，然后按键盘上
  的〈Enter〉键上方的〈Backspace〉键，每按一次就取消
  一个走线拐角，直到返回所需的拐角为止。如果希望完全
  取消这个网络的布线，则直接按〈Esc〉键即可。
- 宽度：在线修改线宽，在布线过程中随时可以使用直接命
  令"W"来使同一网络的走线宽度呈现不同的线宽。
- 完成：当完成某个网络的布线时，只需将鼠标的光标移动到终点焊盘上，当鼠标的光
  标在终点焊盘上变成两个同心圆形状时，表示已经捕捉到了鼠线终点，这时只需单击
  鼠标左键即可完成走线。

以上这些操作都是在布线过程中经常用到的，这些操作不光针对 Add Route 布线方式，
对于其他走线方式均适合。提高布线效率除了本身跟软件提供的功能有关以外，自身的经验
和熟练程度也是一个重要的因素，所以必须要不断地训练并从中总结经验。

6.8.5　动态布线

动态智能布线只能在 DRC 的"防止错误"模式下才有效。动态布线是一种以外形为基
础的布线技术，系统最小栅格可定义到 0.01 mil，进行动态布线时，系统自动进行在线检
查，并可用鼠标牵引鼠线动态地绕过障碍物，动态推挤其他网络以开辟新的布线路径。这样
就避免了用手工布线时的布线路径寻找、走线拐角、拆线和重新布线等一系列复杂的过程，
从而使布线变得非常轻松有趣。

在"设计"工具栏中单击"动态布线"按钮，激活动态布线，具体布线过程可参考
"添加布线"布线介绍，这里不再重复介绍。

6.8.6　自动布线

自动布线方式主要反映在"自动"二字上，其意思是只要用鼠标双击即可完成一个连
接的布线，当然如果在走线已经有一定密度时再使用此功能，就要付出大量的时间去等待，
所以什么时候选用此功能要根据具体情况具体安排。

在"设计"工具栏中单击"自动布线"按钮，进入自动布线方式。

6.8.7 草图布线

"草图布线"与其说是一种布线方式，不如说是一种修改布线方式，在"设计"工具栏中单击"草图布线"按钮，进入草图布线方式。

在完成了某个网络的走线后，有时会发觉走线如果换成另一种路径的布法可能会更好，为了达到这个目的，一般会采取重新布线或移动走线的方法，但是 PADS Layout 提供了一种"草图布线"法，可以快速完成这种修改。

6.8.8 总线布线

"总线布线"方式是 PADS 公司在智能布线方面的又一大杰作，在布线的过程中不但具有动态布线方式那样可以自动调整规则冲突和完成优化走线，而且可以同时进行多个网络的布线，这大概就是总线命名的由来。

1）单击"标准"工具栏中的"设计工具栏"按钮，在弹出的"设计"工具栏中单击"总线布线"按钮，系统进入总线布线状态。

2）在总线布线状态下，如果只对一个网络布线，那同动态布线一样，选择网络的方式不是直接单击网络，不管是选择一个还是多个，都必须用区域选择方式进行选择。区域选择就是用鼠标单击某一点，然后按住鼠标左键不放来移动，这种移动就会设定出一个有效的操作范围。当希望对几个网络使用总线布线来操作时，就必须先用这个方法将这几个网络的焊盘同时选上，然后只有对其中的某一个网络进行布线时，其他网络就会紧随其后自动进行布线，而且走线状态完全相同，如图 6-81 所示。

图 6-81 总线布线

3）用上述介绍的区域选择方式选择网络进行总线布线的网络比较有限，因为如果这些网络的起点焊盘不是连续的，则将无法选择。

4）对于不连续焊盘，如果需要使用总线布线，那么管脚焊盘的选择方法是先退出总线布线模式，不要处于任何一种布线模式下，然后单击鼠标右键，从弹出的快捷菜单中单击"随意选择"命令，然后按住键盘上〈Ctrl〉键，用鼠标依次单击元件脚，将它们全部点亮后再单击"设计"工具栏中的"总线布线"按钮。当进入总线布线模式后，网络中某一网络自动出现在光标上，这时就可以对这些网络进行利用总线布线方式布线了。

对于在布线过程中的其他操作，如加过孔和换层等与"添加总线"一样，这里不再重复介绍。

千万不要把整个设计寄希望于某一个走线功能来完成，无论多好的功能都要在某一条件下才能发挥得最好，这 5 个布线功能在设计中相辅相成。在实际设计中，根据实际情况决定使用哪一种布线方式，灵活地运用它们才能发挥其最好的作用，否则事倍功半。

6.9 操作实例——单片机最小应用系统 PCB 设计

完成如图 6-82 所示的单片机最小应用系统电路板外形尺寸规划，实现元件的布局和布线。本例学习电路板的创建及参数设置。另外，还将学习 PCB 布局的一些基本规则。

图 6-82　单片机最小应用系统原理图

1. 设置工作环境

1）单击 PADS Layout 9.5 按钮🔳，打开 PADS Layout 9.5。执行菜单栏中的"文件"→"新建"命令，新建一个 PCB 文件。

2）单击"标准"工具栏中的"保存"按钮🔳，输入文件名称"PIC"，保存 PCB 图。

2. 参数设置

1）执行菜单栏中的"工具"→"选项"命令，弹出"选项"窗口，如图 6-83 所示。保持默认设置，单击"确定"按钮，退出对话框。

2）执行菜单栏中的"设置"→"层定义"命令，弹出"层设置"对话框，对 PCB 的层定义进行参数设置，如图 6-84 所示。

3）执行菜单栏中的"设置"→"设计规则"命令，弹出"规则"对话框，对 PCB 的规则进行参数设置，如图 6-85 所示。

图 6-83　"选项"对话框

图 6-84　"层设置"对话框

图 6-85　"规则"对话框

3. 绘制电路板边界

1）单击"标准"工具栏中的"绘图工具栏"按钮，打开"绘图"工具栏。

2）单击"绘图"工具栏中的"板框和挖空区域"按钮，进入绘制边框模式，单击鼠标右键，在弹出的快捷菜单中单击绘制的图形命令"矩形"，在工作区的原点单击鼠标左键，移动光标，拖出一个边框范围的矩形框，单击鼠标左键，确定电路板的边框，如图 6-86 所示。

4. 导入网络表

1）打开 PADS Logic，单击"标准"工具栏中的"打开"按钮 ，在弹出的"文件打开"对话框中选择绘制的原理图文件"PIC. sch"。

2）在 PADS Logic 窗口中，单击"标准"工具栏中的"PADS Layout"按钮 ，打开"PADS Layout 链接"对话框，单击"设计"选项卡下的"发送网表"按钮，如图 6-87所示。

图 6-86　电路板边框

图 6-87　"设计"选项卡

3）将原理图的网络表传递到 PADS Layout 中，打开 PADS Layout 窗口，可以看到各元件已经显示在 PADS Layout 工作区域的原点上，如图 6-88 所示。

图 6-88　调入网络表后的元件 PCB 图

5. 自动布局

1）执行菜单栏中的"工具"→"簇布局"命令，则弹出如图 6-89 所示的"簇布局"对话框。

2）单击"放置簇"图标![icon]，激活"运行"按钮，单击"运行"按钮，进行自动布局，结果如图 6-90 所示。

图 6-89　"簇布局"对话框

图 6-90　自动布局结果

6. 电路板显示

执行菜单栏中的"查看"→"3D 视图"→"动态视图"命令，弹出如图 6-91 所示的动态视图窗口，观察电路板的动态视图。

图 6-91　动态视图窗口

7. 自动布线

1）执行菜单栏中的"工具"→"选项"命令，在弹出的"选项"窗口中选择"设计"选项，在"在线 DRC"选项区域内选中"防止错误"单选按钮，如图 6-92 所示，

2）打开"栅格和捕获"→"栅格"选项，设置"设计栅格""过孔栅格""扇出栅格"的 X 和 Y 的值为 10，如图 6-93 所示，单击"确定"按钮，关闭对话框。

图 6-92 "设计"选项

图 6-93 "栅格"选项

3) 单击"标准"工具栏中的"设计工具栏"图标 ▒，在弹出的"设计"工具栏中单击"自动布线"按钮 ▒，进入自动布线方式状态，单击元件即可完成一个连接的布线，结果如图 6-94 所示。

图 6-94　布线结果

第7章 封装库设计

本章主要 PCB 封装的创建，封装是设计不可缺少的一部分，由于系统自带的封装不能满足电路设计的要求，因此制作封装成了唯一的解决方法。

知识点

- 封装概述
- 建立元件类型
- 使用向导制作封装
- 手工建立 PCB 封装
- 保存 PCB 封装

7.1 封装概述

电子元件种类繁多，其封装形式也是多种多样。所谓封装是指安装半导体集成电路芯片用的外壳，它不仅起着安放、固定、密封、保护芯片和增强导热性能的作用，还是沟通芯片内部世界与外部电路的桥梁。

芯片的封装在 PCB 板上通常表现为一组焊盘、丝印层上的边框及芯片的说明文字。焊盘是封装中最重要的组成部分，用于连接芯片的引脚，并通过印制板上的导线连接到印制板上的其他焊盘，进一步连接焊盘所对应的芯片引脚，实现电路功能。在封装中，每个焊盘都有唯一的标号，以区别封装中的其他焊盘。丝印层上的边框和说明文字主要起指示作用，指明焊盘组所对应的芯片，方便印制板的焊接。焊盘的形状和排列是封装的关键组成部分，确保焊盘的形状和排列正确才能正确地建立一个封装。对于安装有特殊要求的封装，边框也需要绝对正确。

PADS 提供了强大的封装绘制功能，能够绘制各种各样的新型封装。考虑到芯片引脚的排列通常是有规则的，多种芯片可能有同一种封装形式，因此 PADS 提供了封装库管理功能，绘制好的封装可以方便地被保存和引用。

7.1.1 常用元封装

总体上讲，根据元件所采用安装技术的不同，可分为通孔安装技术（Through Hole Technology，简称 THT）和表面安装技术（Surface Mounted Technology，简称 SMT）。

使用通孔安装技术安装元件时，元件安置在电路板的一面，元件引脚穿过 PCB 板焊接在另一面上。通孔安装元件需要占用较大的空间，并且要为所有引脚在电路板上钻孔，所以它们的引脚会占用两面的空间，而且焊点也比较大。但从另一方面来说，通孔安装元件与 PCB 连接较好，机械性能好。例如，排线的插座、接口板插槽等类似接口都需要一定的耐压能力，因此，通常采用 THT 安装技术。

表面安装元件，管脚焊盘与元件在电路板的同一面。表面安装元件一般比通孔元件体积小，而且不必为焊盘钻孔，甚至还能在 PCB 板的两面都焊上元件。因此，与使用通孔安装元件的 PCB 板相比，在使用表面安装元件的 PCB 板上元件布局要密集很多，体积也小很多。此外，应用表面安装技术的封装元件也比通孔安装元件要便宜一些，所以目前的 PCB 设计广泛采用了表面安装元件。

常用元件封装分类如下。

- BGA（Ball Grid Array）：球栅阵列封装。因其封装材料和尺寸的不同还细分成不同的 BGA 封装，如陶瓷球栅阵列封装 CBGA、小型球栅阵列封装 μBGA 等。
- PGA（Pin Grid Array）：插针栅格阵列封装。这种技术封装的芯片内外有多个方阵形的插针，每个方阵形插针沿芯片的四周间隔一定距离排列，根据管脚数目的多少，可以围成 2~5 圈。安装时，将芯片插入专门的 PGA 插座。该技术一般用于插拔操作比较频繁的场合，如计算机的 CPU。
- QFP（Quad Flat Package）：方形扁平封装，是当前芯片使用较多的一种封装形式。
- PLCC（Plastic Leaded Chip Carrier）：塑料引线芯片载体。
- DIP（Dual In – line Package）：双列直插封装。
- SIP（Single In – line Package）：单列直插封装。
- SOP（Small Out – line Package）：小外形封装。
- SOJ（Small Out – line J – Leaded Package）：J 形管脚小外形封装。
- CSP（Chip Scale Package）：芯片级封装，这是一种较新的封装形式，常用于内存条。在 CSP 方式中，芯片是通过一个个锡球焊接在 PCB 板上的，由于焊点和 PCB 板的接触面积较大，因此内存芯片在运行中所产生的热量可以很容易地传导到 PCB 板上并散发出去。另外，CSP 封装芯片采用中心引脚形式，有效地缩短了信号的传输距离，其衰减随之减少，芯片的抗干扰、抗噪性能也能得到大幅提升。
- Flip – Chip：倒装焊芯片，也称为覆晶式组装技术，是一种将 IC 与基板相互连接的先进封装技术。在封装过程中，IC 会被翻转过来，让 IC 上面的焊点与基板的接合点相互连接。由于成本与制造因素，使用 Flip – Chip 接合的产品通常根据 I/O 数的多少分为两种形式，即低 I/O 数的 FCOB（Flip Chip on Board）封装和高 I/O 数的 FCIP（Flip Chip in Package）封装。Flip – Chip 技术应用的基板包括陶瓷、硅芯片、高分子基层板及玻璃等，其应用范围包括计算机、PCMCIA 卡、军事设备、个人通信产品、钟表及液晶显示器等。
- COB（Chip on Board）：板上芯片封装，即芯片被绑定在 PCB 板上。这是一种现在比较流行的生产方式。COB 模块的生产成本比 SMT 低，还可以减小封装体积。

7.1.2 理解元件类型、PCB 封装和逻辑封装间的关系

不管是在建一个新的元件还是对一个旧的元件进行编辑，都必须要清楚地知道在 PADS 中，一个完整的元件到底包含了哪些内容以及这些内容是怎样来有机地表现一个完整的元件的。

不管是在绘制一张原理图还是设计一块 PCB 板，都必须用到一个用来表现元件的具体

图形，借此该元件的图形就会清楚地知道各个元件之间的电性连接关系，我们把元件在 PCB 板上的图形称为 PCB 封装，而把原理图上的元件图形称为 CAE（逻辑封装），但"元件"又是什么呢？

在 PADS Logic 中，一个元件类型（也就是一个类）中可以最多包含 4 种不同的 CAE 封装和 16 种不同的 PCB 封装。

PCB 封装是一个实际零件在 PCB 板上的脚印图形，有关这个脚印图形的相关资料都存放在库文件 XXX. pd9 中，它包含各个引脚之间的间距及每个脚在 PCB 板各层的参数，如"焊盘栈"、元件外框图形、元件的基准点和"原点"等信息。所有的 PCB 封装只能在 PADS Layout 的"PCB 封装编辑器"中建立。

7.1.3　PCB 库编辑器

在 PADS Layout 中，执行菜单栏中的"工具"→"PCB 封装编辑器"命令，打开"PCB 封装编辑器"，进入元件封装编辑环境，如图 7-1 所示。

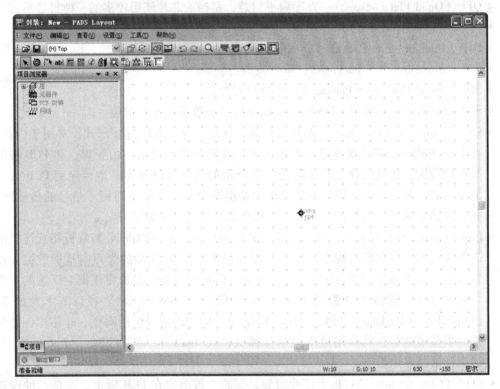

图 7-1　元件编辑器环境

元件编辑器环境中有一个 Type 字元标号和 Name 字元标号及一个 PCB 封装原点标记。

Type 和 Name 字元标号的存放位置将会影响当增加某个 PCB 封装到设计中时，序号出现的位置，这时这个 PCB 封装的序号（如 U1、R1）出现的位置就是在建这个 PCB 封装时，Name 字元标号所在的位置。

PCB 封装原点标记的位置将用于当对这个 PCB 封装进行移动、旋转及其他的一些有关的操作时，十字光标被锁定在这个 PCB 封装元件的位置。

建立一个新的 PCB 封装有两种选择，一些标准元件或接近标准元件的封装使用 "PCB 封装编辑器" 可以非常轻松愉快地完成 PCB 封装的建立，对于不规则非标准封装就只能采用一般的建立方法。

单击 "标准" 工具栏中的 "绘图工具栏" 图标，打开如图 7-2 所示的 "封装编辑器绘图" 工具栏，该工具栏中包括封装元件的绘制按钮。

图 7-2 "封装编辑器绘图" 工具栏

7.2 建立元件类型

不管是建立逻辑封装还是 PCB 封装，当建立完成并保存之后，如果不建立相应的元件类型，则无法对该封装进行调用。在 PADS 系统中允许一个元件类型可同时包含 4 个逻辑封装和 16 种不同的 PCB 封装，这是因为一种元件型号的元件经常会由于不同的需要而存在不同的封装。从这一点就应该明白元件封装和元件类型的区别，它们是一种包含关系。

在 PADS Logic 或 PADS Layout 中任何一方均可建立元件类型，因为元件类型包含逻辑封装和 PCB 封装，完全可以选择在建立了逻辑封装后还是建立了 PCB 封装后来建立相应的元件类型，不管选择哪一方都是一样的。如果选择在建立逻辑封装后建立元件类型，那么当在 PADS Layout 中将此元件类型的 PCB 封装建立完成之后，通过元件库管理器来编辑在 PADS Logic 中建立的元件类型，编辑时将建好的 PCB 封装分配到该元件类型中即可，反之亦然。但是由于毕竟是在两个不同的环境中，因此在建立时还是有小小的区别。为了大家能比较清楚地掌握这部分内容，我们将在 PADS Layout 中建立封装之后如何建立完整的元件类型做一个介绍。

在 PADS Layout 中建立了 PCB 封装之后，建立其相应的元件类型的基本步骤如下：

1）在 "文件" 菜单中单击 "库" 命令，打开 "库管理器" 窗口，如图 7-3 所示。

2）在 "库管理器" 窗口中单击 "元件" 按钮，然后单击 "新建" 按钮，则进入 "元件的元件信息" 对话框，如图 7-4 所示。

3）单击 "元件的元件信息" 对话框中的 "常规" 选项卡，进行总体设置。

4）单击 "元件的元件信息" 对话框中的 "PCB 封装" 选项卡，在其中指定对应的 PCB 封装。

5）单击 "元件的元件信息" 对话框中的 "门" 选项卡，为新元件类型指定 CAE 封装。

图 7-3 "库管理器" 窗口

图 7-4 "元件的元件信息"对话框

6）在为元件类型分配完 PCB 封装和 CAE 封装后，在"管脚"选项卡中进行元件信号管脚分配。

7）在"属性"选项卡中为元件类型设置属性。在设计中，一些元件的 CAE 封装或 PCB 封装的管脚是用字母来表示的。

8）在"管脚映射"选项卡中进行设置，将字母和数字对应起来。

7.3 使用向导制作封装

利用向导建立元件封装只需按每一个表格的提示输入相应的数据，且每一个数据产生的结果在窗口右边的阅览框中都可以实时看到变化，这对于设计者来讲完全是一种可见可得的设计方法。由于这种建立方式就好像填表一样简单，因此也称其为填表式。

7.3.1 设置向导选项

1）单击"封装编辑器绘图"工具栏中的"向导"按钮，弹出"封装向导"对话框，该对话框中包括两个选项卡，在"全局"选项卡中设置"丝印边框""装配边框""布局边框""阻焊层""组合屏蔽"和"助焊层"等常规参数，如图 7-5 所示。

2）单击"封装元件类型"选项卡，如图 7-6 所示，在"封装元件类型"下拉列表框中显示需要设置的选项，如图 7-7 所示。选择不同的选项，设置对应的环境参数。单击"此类型的默认值"按钮，将该类型的参数值设置为默认值。

7.3.2 向导编辑器

1）单击"封装编辑器绘图"工具栏中的"向导"按钮，打开 PCB 封装编辑器，利

图 7-5　"封装向导选项"对话框中的"全局"选项卡设置

图 7-6　"封装向导选项"对话框中的"封装元件类型"选项卡设置

用向导设置封装。

该编辑器中有 4 个选项卡，可以轻松地建立 DIP、SOIC、QUAD、Polar、SMD、BGA 和 PGA 等 7 种标准的 PCB 封装。

2）单击打开"双"选项卡，如图 7-8 所示。在"设备类型"选项区域内包括"通孔"和"SMD"两个单选按钮，表示可设置 DIP 和 SMD 这两种封装。

Ceramic Flat Package, 间距 <= 24.61
Ceramic Flat Package, 间距 > 24.61
SOIC, 间距 <= 24.61
SOIC, 24.61 < 间距 < 50
SOIC, 间距 >= 50
Small Outline IC, J-Leaded
Dual Flat, No-Lead
Small Outline IC, No-Lead
Capacitor, Chip Array, Flat
Diode, Chip Array, Flat
Inductor, Chip Array, Flat
Resistor, Chip Array, Flat
Capacitor, Chip Array, Concave
Diode, Chip Array, Concave
Inductor, Chip Array, Concave
Oscillator, Side Concave
Resistor, Chip Array, Concave
Pull-back Small Outline, No-Lead
Ceramic Quad Flat Package, 间距 <= 24.61
Ceramic Quad Flat Package, 间距 > 24.61
Quad Flat Package, 间距 <= 24.61
Quad Flat Package, 间距 > 24.61
Plastic Leaded Chip Carrier
Quad Flat, No-Lead
Quad Leadless Ceramic Chip Carrier
Quad Leadless Ceramic Chip Carrier (Pin 1 on Side)
Pull-back Quad Flat, No-Lead

图 7-7 "封装元件类型"下拉列表框中的选项

图 7-8 "双"选项卡

3）在"设备类型"选项区域内选中"通孔"单选按钮，即可进行 DIP 参数设置，如图 7-9 所示。

DIP 类的主要特点是双列直插、直插的分立元件，如阻容元件便属于此类。

图 7-9   DIP 参数设置

下面介绍"通孔"选项下的参数设置。

① "封装"选项区域：

- 设备类型，有两种不同的类型，即通孔和 SMD。
- 方向，封装走向为水平或垂直，这个选项可以任意设置。
- 高度，封装高度默认值为 50。
- 原点，指封装的原点，可以设置为中心或管脚 1。

② "管脚"选项区域：

- 管脚数，管脚个数设置为 20，以建立 DIP20 的封装。
- 设置管脚直径、钻孔直径、管脚的间距和行距，分别设置为 60、35、100 和 500。
- "电镀"，指孔是否要镀铜，应勾选此复选框。
- 编号方向，可选择顺时针、CCW。
- 管脚 1 形状，有方形和圆形两种。
- 管脚形状，有方形和圆形两种。设置与"管脚1形状"无关。
- 方形管脚。

拐角类型：90°、倒斜角、圆角。

半径：设置圆角半径。

③ "布局边框"选项区域，主要设置边框宽度与高度。

④ "膜面放大（缩小）尺寸"选项区域，设置阻焊层尺寸。

⑤ "热焊盘"选项区域：

勾选"创建"复选框，可以激活下面的数值设置。

- 水平尺寸：默认值为 80。
- 垂直尺寸：默认值为 450。

⑥ 封装计算器"选项区域，计算封装管脚获得的具体尺寸。

⑦"单位"选项区域，有3种设置，这里选择 mil。

在"设备类型"选项区域内选中"SMD"单选按钮，进行 SMD 参数设置，如图 7-10 所示，选项说明这里不再赘述。

图 7-10 SMD 参数设置

下面介绍"SMD"选项下的参数设置。

①"封装"选项区域：

● 管脚 1 位置，需要设置两个选项，即面、放置。在"面"下拉列表中包括顶面、底面、左、右；在"放置"下拉列表中包括中心、左、右。

● 高度，封装高度默认值为 50。

● 原点，指封装的原点，可以设置为中心或管脚 1。

②"管脚"选项区域

● 间距，设置管脚数、宽度、管脚间距和长度值，可采用默认值，也可修改参数值。

● 编号方向，可选择顺时针或 CCW。

● 行距，设置行距的测量值类型。

● 管脚 1 形状，有矩形和椭圆形两种，设置类型与其余管脚无联系。

● 管脚形状，有矩形、椭圆形两种。设置与"管脚 1 形状"无关。

● 矩形管脚。

拐角类型：90°、倒斜角、圆角。

半径：设置圆角半径。

③"布局边框"选项区域主要设置边框宽度与高度。

④"膜面放大（缩小）尺寸"选项区域主要设置阻焊层尺寸。

⑤"热焊盘"选项区域

勾选"创建"复选框，可以激活下面的数值设置。

● 水平尺寸：默认值为160。

● 垂直尺寸：默认值为160。

⑥"封装计算器"选项区域主要计算封装管脚获得的具体尺寸。

⑦"单位"选项区域，有3种设置，这里选择 mil。

在图7-8中打开"四分之一圆周"选项卡，如图7-11所示。在该选项卡下设置 QUAD 封装。QUAD 类和 DIP 类封装是类似的封装，管脚都是表贴的，只是在排布方式上略有不同（DIP 类是双列的，QUAD 类是四面的），所以，本节介绍的 QUAD 类封装的建立也可以以 DIP 类为参考。

图7-11   QUAD 参数设置

①"封装"选项区域：

● 管脚1位置，需要设置两个选项，即"面"和"放置"。在"面"下拉列表框中包括顶面、底面、左、右；在"放置"下拉列表框中包括中心、左、右。

● 高度，封装高度默认值为50。

● 原点，指封装的原点，可以设置为中心或管脚1。

②"管脚"选项区域：

● 间距，设置水平管脚、垂直管脚、宽度、管脚间距和长度值，可采用默认值，也可修改参数值。

● 编号方向，可选择顺时针或 CCW。

● 行距，设置行距的测量值类型。

● 管脚1形状，有矩形和椭圆形两种，设置类型与其余管脚无联系。

● 管脚形状，有矩形和椭圆形两种。设置与"管脚1形状"无关。

● 矩形管脚。

拐角类型：90°、倒斜角、圆角。

半径：设置圆角半径。

③ "布局边框" 选项区域主要设置边框宽度与高度。

④ "膜面放大（缩小）尺寸" 选项区域主要设置阻焊层的尺寸。

⑤ "热焊盘" 选项区域：

勾选 "创建" 复选框，可以激活下面的数值设置。

● 水平尺寸：默认值为 160。

● 垂直尺寸：默认值为 160。

⑥ "封装计算器" 选项区域主要计算封装管脚获得的具体尺寸。

⑦ "单位" 选项区域，有 3 种设置，这里选择 mil。

在图 7-8 中打开 "极坐标" 选项卡，如图 7-12 所示。极坐标类封装管脚都是在圆形的圆周上分布的，只是一类的管脚是通孔的，另一类的管脚是表贴的（SMD）。

图 7-12　SMD 参数设置

在 "设备类型" 选项区域内选中 "通孔" 单选按钮，进行 SOIC 参数设置，如图 7-13 所示，选项说明这里不再赘述。

图 7-13　SOIC 参数设置

① "封装" 选项区域：

● 设备类型，有两种不同的类型，即 "通孔" 和 "SMD"。

● 高度，封装高度默认值为 50。

● 原点，指封装的原点，可以设置为中心或管脚 1。

② "管脚"选项区域：

● 间距，设置管脚数、直径、起始角度和半径，可采用默认值，也可修改参数值。

● "电镀"指孔是否要镀铜，勾选此复选框。

● 编号方向，可选择顺时针或 CCW。

● 钻孔直径，设置封装的钻孔直径。

● 管脚 1 形状，有矩形和椭圆形两种，设置类型与其余管脚无联系。

● 管脚形状，有矩形和椭圆形两种。设置与"管脚 1 形状"无关。

● 方形管脚。

拐角类型：90°、倒斜角、圆角。

半径：设置圆角半径。

③ "布局边框"选项区域主要设置边框宽度与高度。

④ "膜面放大（缩小）尺寸"选项区域主要设置阻焊层的尺寸。

在"设备类型"选项区域内选中"SMD"单选按钮，进行 SOIC 参数设置，如图 7-13 所示，选项说明这里不再赘述。

在图 7-8 中打开"极坐标"选项卡。目前 BGA/PGA 封装已被广泛地应用，建立 BGA/PGA 封装是 PCB 设计过程中不可缺少的部分。BGA/PGA 封装的脚位排列主要有两种，一种是标准的阵列排列，另一种是脚位交错排列，具体如图 7-14 和图 7-15 所示。

图 7-14　BGA 参数设置

图 7-15　PGA 参数设置

7.4 手工建立 PCB 封装

在 PCB 设计过程中，除了一部分标准 PCB 封装可以采用上述的"DecalWizard（封装向导）"很快完成，但实际中会面临大量的非标准的 PCB 封装。一直以来，建立不规则的 PCB 封装是一件令每个工程人员都头痛的事，而且 PCB 封装与逻辑封装不同，如果元件引脚的位置建错，带来的后果是元器件无法插装或贴片，其后果不堪设想。

其实，对于一个 PCB 封装来讲，不管是标准还是不规则，它们都有一个共性，即它们一定是由元件序号、元件脚（焊盘）和元件外框构成的，在这里我们不希望针对某一个元件的建立去讲解，既然是不规则的事物，则应以不变应万变，在以下小节中将分别介绍建立任何一个元件都必须经历的 3 个过程（增加元件脚（焊盘）、建立元件外框和确定元件序号的位置）。在对 3 个过程详细剖析之后，便能快速而又准确地手工制作任意形状的 PCB 封装。

7.4.1 增加元件管脚焊盘

建立 PCB 封装第一步就是放置元件焊盘脚，确定各元件脚之间的相对位置，应该讲这也是建立元件最重要和最难的一点，特别是那些无规则放置的元件管脚，这是建立元件的核心内容。在放置元件焊盘脚之前应根据自己的习惯或需要设置好栅格单位（如密尔、英寸、公制）。实际元器件的物理尺寸是以什么单位给出的，最好就设置什么栅格单位。设置单位在"工具"→"选项"→"全局"项中。

设置好栅格单位，下面开始放置每一个元件管脚焊盘。

1）单击"封装编辑器绘图"工具栏中的"端点"按钮![端点]增加元件焊盘，弹出如图 7-16 所示的"添加端点"对话框。

2）单击"确定"按钮，退出对话框，进入焊盘放置状态，只要在当前的元件编辑环境中的任意一坐标点处单击鼠标左键，则一个新的元件脚焊盘就出现在当前设计中了。

3）如果这个新的焊盘不是所希望的形状，则点亮后单击鼠标右键，在弹出的快捷菜单中单击"特性"命令进行编辑，而在实际中通常的做法是先不用管它，等放完所

图 7-16 "添加端点"对话框

有的元件脚之后再进行总体编辑，也可以在菜单栏中执行"设置"→"焊盘栈"命令，在弹出的"焊盘栈特性"对话框中一次性设置焊盘属性，如图 7-17 所示。

放置元件脚焊盘时可以一个一个地来放置，但这样既费时且焊盘坐标精度又很难保证，特别对于一些特殊又不规则的排列就更难保证，而且有时根本就做不到。

下面介绍既简便又准确的重复放置元件管脚焊盘的快捷方法。

1）运用前面介绍的方法放置好第一个元件脚焊盘，作为此后放置元件管脚焊盘的参考点，然后退出放置元件管脚焊盘模式（单击"封装编辑器绘图"工具栏中的"选择模式"

图 7-17 "焊盘栈特性"对话框

按钮 即可,注意如果不退出这个模式将会继续放置新的元件脚)。点亮放置好的第一个元件管脚焊盘,使其成为选中状态,再单击鼠标右键,弹出如图 7-18 所示的快捷菜单。

2)从图 7-18 中单击"焊盘栈"命令,则弹出如图 7-19 所示的"管脚的焊盘栈特性"对话框。从这个对话框中可以看到 PADS Layout 提供了两种焊盘的类型,即"封装"和"过孔"。

图 7-18 快捷菜单

图 7-19 "管脚的焊盘栈特性"对话框

7.4.2 放置和定型元件管脚焊盘

通常有两种方法定位元件管脚焊盘，一种是坐标定位，另一种是在放置焊盘时采用无模命令定位。在如图7-20所示的焊盘查询和修改对话框中，X和Y两个坐标参数决定了焊盘的位置，通过这两个坐标参数来设置元件管脚焊盘的位置，是一种最准确且快捷的方法。实际上，还可以在放置焊盘时采用无模命令定位。在PCB封装编辑窗口，单击"封装编辑器绘图"工具栏中的"端点"按钮后，光标处于放置焊盘状态，这时，采用无模命令将光标定位（例如，用键盘输入"S00"后按〈Enter〉键，就把光标定位到设计的原点了），然后按键盘上的空格键，即放置了一个焊盘，再用无模命令还可以继续放置焊盘。

图7-20 焊盘查询和修改对话框

前面介绍了元件管脚焊盘放置的方式，放置的元件脚都是比较规范的元件管脚，即使可以编辑它，其外形也不过是在圆形和矩形之间选择。PADS Layout系统一共提供了6种元件管脚焊盘形状，即圆形、方形、环形、椭圆形、长方形、丁字形。

点亮某一个元件管脚焊盘后单击鼠标右键，则会弹出如图7-18所示的快捷菜单，单击"焊盘栈"命令，然后系统弹出如图7-21所示的"管脚的焊盘栈特性"对话框，在"参数"选项区域内就可以清楚地看见，只能在这6种焊盘中选择一种作为元件脚焊盘。

图7-21 "管脚的焊盘栈特性"对话框

但是在实际设计中，为了某种设计的需要不得不采用异形元件管脚焊盘，特别是在单面板和模拟电路板中更为常见，那么在PADS Layout中如何建立所需的异形元件脚焊盘呢？下面以制作一个简单的异形焊盘为例来说明。

第1步，利用前面讲述的增加元件脚的操作方法先放置一个标准的元件脚焊盘，因为异形焊盘对于元件管脚焊盘来讲只是在焊盘上处理。

第2步，调出元件管脚焊盘编辑对话框，在系统提供的6种焊盘形状中选择一种符合要求的形状，并按要求修改其直径和钻孔等参数，这里设置如下参数：

- 在设置项"参数"中选择椭圆 ▮。
- 在"宽度"数值框中输入"90"。
- 在"长度"数值框中输入"120"。
- 在"方向"数值框中输入"30"。
- 在"偏移"数值框中输入"20"。
- 在"钻孔尺寸"数值框中输入"50"。

第3步，在"封装编辑器绘图"工具栏中单击"铜箔"按钮 ▤，然后单击鼠标右键，在弹出的快捷菜单中单击"多段线"命令，绘制符合实物形状的异形铜皮，如图7-22所示。

这时这个铜箔与标准元件管脚之间并没有任何的关系，是两个完全独立的对象，系统也不会默认此铜箔是该标准元件管脚的焊盘，所以还必须经过一种结合方式使这完全独立的两个对象融合成一体。点亮标准元件管脚后单击鼠标右键，从弹出的快捷菜单中单击"关联"命令，如图7-23所示。再点亮需要融合的对象铜箔，这时两者都处于高亮状态，说明这两者已经融为一体了，它们从此将被作为一个整体来操作，此时如果移动它，则可看见它们同时移动。

图7-22 异形铜皮

图7-23 融合铜箔

7.4.3 快速交换元件管脚焊盘序号

在放置焊盘的过程中，当将所有的焊盘放置完或放置了一部分时，这些被放置好的焊盘的序号往往都是按顺序排下去的，但有时希望交换某些元件管脚的顺序，很多的工程人员这时采用移动焊盘本身来达到目的，实际上，PADS Layout 已经提供了一个很好的自动交换元件管脚焊盘排序的功能。

首先点亮需要交换排序的元件管脚，再单击鼠标右键，从弹出的快捷菜单中单击"端点重新编号"命令，这时系统会弹出如图7-24所示的"重新编号管脚"对话框，在此输入被点亮的元件管脚焊盘将同哪一个元件管脚交换位置的排序号。例如，同4号元件管脚交换就在对话框中输入4。

当输入所需交换的元件管脚号后单击"确定"按钮确定,这时被选择的元件管脚焊盘排序号变成了所输入的数字号,同时十字光标上出现一段提示下一重新排号的号码是多少,如图7-25所示。需要将这个序号分配给哪一个焊盘就单击哪个焊盘,依此类推,最后双击鼠标左键结束。这样就快速完成了元件序号的交换。

图7-24 "重新编号管脚"对话框   图7-25 交换焊盘排序

7.4.4 增加PCB封装的丝印外框

当放置好所有的元件脚焊盘之后,接下来就是建立这个PCB封装的外框。在图7-26中单击"封装编辑器绘图"工具栏中的"2D线"按钮 ,系统进入绘图模式。

图7-26 绘图模式

在绘图模式中可以通过选择弹出菜单中的"多边形""圆形""矩形"或"路径"命令来直接完成各种图形的绘制。在绘制封装外框时,有一最好的方法可以快速而又准确地完成绘制。首先，无须理会封装外框的准确尺寸，通过绘图模式将所需的外框图全部画出来，完成外框图绘制后，使用自动尺寸标注功能将这个外框所需调整编辑的尺寸全部标注出来，当这些尺寸全部标注完后，就可以编辑这些尺寸标注了。

当选择尺寸标注线的一端后进行移动，所标注的尺寸值也随着尺寸标注线的移动而变化，当尺寸标注值变化到外框所需要的尺寸时即停止移动，然后将封装外框线调整到这个位置，此时尺寸标注值就是封装外框尺寸。其他各边依此类推。这种利用调整尺寸标注线来定位封装外框的尺寸的方法可以轻松自如地完成各种封装外框图的绘制。

7.5　保存 PCB 封装

PCB 封装建好后，最后是将这个 PCB 封装进行保存，执行菜单栏中的"文件"→"封装另存为"命令，则弹出"将 PCB 封装保存到库中"对话框，如图 7-27 所示。

保存封装时，首先选择需要将这元件封装存入到哪一元件库中，在"库"下拉列表框中选择，选择好元件库后还必须在"PCB 封装名称"文本框中为这个新的元件封装命名，默认的元件名为 NEW，命名完成后单击"确定"按钮即可保存新的元件封装到指定的元件库中。

其实在保存封装到元件库时，系统会询问是否建立新的元件类型，如图 7-28 所示。如果单击"是"按钮，则在弹出的窗口中输入一个元件类型名即可。尽管通过这种方式建立了相应的元件类型，但是这并不表示这个元件类型已经完全建好。此时不妨打开库管理器，然后从该元件类型库中找到这个新的元件类型名，单击元件管理器中的"编辑"按钮，系统将打开这个新元件类型的编辑窗口，在此窗口中查看一下这个新元件类型的有关参数设置后会发现，这个新元件类型的参数设置除包含了这个新建的 PCB 封装之外，其他任何内容都没有，这就说明如果要完善这个新元件类型还必须进一步对其加工，如果保持现状，则它就形同一个 PCB 封装的替身而已。

图 7-27　保存 PCB 封装

图 7-28　提示对话框

7.6　操作实例

通过下面的学习，读者将了解在封装元件编辑环境下新建封装库和绘制封装符号的方法，同时还可练习绘图工具的使用方法。

7.6.1　创建元件库

1. 创建工作环境

单击 PADS Layout 9.5 按钮，打开 PADS Layout 9.5，默认新建一个 PCB 文件。

2. 创建库文件

1）执行菜单栏中的"文件"→"库"命令，弹出如图 7-29 所示的"库管理器"窗口，单击"新建库"按钮，弹出"新建库"对话框，选择新建的库文件路径，设置为"\yuanwenjian\7\7.5"，输入文件名称"example"，如图 7-30 所示，单击"保存"按钮，生成库文件。

图 7-29 "库管理器"窗口

图 7-30 "新建库"对话框

2）单击"管理库列表"按钮，弹出如图 7-31 所示的"库列表"对话框，显示新建的库文件自动加载到库列表中。

图 7-31 "库列表"对话框

7.6.2 SO-16 封装元件

1）在 PADS Layout 中，执行菜单栏中的"工具"→"PCB 封装编辑器"命令，打开 PCB 封装编辑器，进入元件封装编辑环境。

2）单击"标准"工具栏中的"绘图工具栏"按钮 ，打开"封装编辑器绘图"工具栏，单击"封装编辑器绘图"工具栏中的"向导"按钮 ，打开 PCB 封装编辑器，利用向导设置封装"Decal Wirzard"。

3）打开"双"选项卡，如图7-32所示，在"设备类型"选项区域内选中"SMD"单选按钮，设置"管脚数"为16，取消勾选"热焊盘"选项区域内的"创建"复选框，在"预览"窗口实时观察参数修改结果。

图7-32　"双"选项卡

4）单击"向导选项"按钮，弹出"封装向导选项"对话框，如图7-33所示，保持默认设置。

图7-33　"封装向导选项"对话框

5）单击"确定"按钮，完成设置，完成了封装的建立，结果如图7-34所示。

图7-34 封装建立结果

6）执行菜单栏中的"文件"→"封装另存为"命令，弹出"将PCB封装保存到库中"对话框，在"库"下拉列表框中选择库文件"example. pt9"，在"PCB封装名称"文本框中输入文件名称"SO-16"，如图7-35所示。

7）单击"确定"按钮，完成封装元件的绘制，并将保存的新元件封装到指定的元件库中。

图7-35 保存PCB封装

7.6.3 27-03 封装元件

1）在PCB封装编辑环境中，执行菜单栏中的"文件"→"新建封装"命令，创建一个新的封装元件。

2）单击"标准"工具栏中的"绘图工具栏"按钮，打开"封装编辑器绘图"工具栏，单击"封装编辑器绘图"工具栏中的"向导"按钮，打开PCB封装编辑器，利用向导设置封装"Decal Wirzard"。

3）选择"极坐标"选项卡，系统进入极坐标型元件封装生成界面，在"设备类型"选项区域内选中"SMD"单选按钮，在"管脚数"数值框中输入3、"宽度"为50、"长度"为50，"管脚1形状"和"管脚形状"均选择"椭圆形"。元件行距"测量值类型"为"外边到边缘"，参数值为100。"布局边框"直径为120，如图7-36所示。

266

图 7-36　极坐标 SMD 封装向导

4）完成参数设置后，单击"确定"按钮，完成封装创建，如图 7-37 所示。

5）执行菜单栏中的"文件"→"保存封装"命令，弹出"将 PCB 封装保存到库中"对话框，在"库"下拉列表框中选择库文件"example. pt9"，在"PCB 封装名称"文本框中输入文件名称"27 - 03"，如图 7-38 所示。

图 7-37　极坐标元件

图 7-38　保存 PCB 封装

6）单击"确定"按钮，完成封装元件的绘制，并将保存的新元件封装到指定的元件库中。

7.6.4　CX02 - D 封装元件

1）在 PCB 封装编辑环境中，执行菜单栏中的"文件"→"新建封装"命令，创建一个新的封装元件。

2）单击"标准"工具栏中的"绘图工具栏"按钮，打开"封装编辑器绘图"工具栏，单击"封装编辑器绘图"工具栏中的"端点"按钮 ，弹出如图7-39所示的焊盘属性设置对话框。

3）单击"确定"按钮，关闭对话框，进入焊盘放置状态，放置两个元件焊盘，如图7-40所示。

图7-39　焊盘属性设置对话框

图7-40　放置两个元件焊盘

4）选中焊盘2，单击鼠标右键，在弹出的快捷菜单中单击"焊盘栈"命令，弹出"管脚的焊盘栈特性"对话框，在"参数"选项区域内选择方形焊盘，如图7-41所示。

图7-41　"管脚的焊盘栈特性"对话框

5）单击"确定"按钮，退出对话框，焊盘修改结果如图7-42所示。

6）单击"标准"工具栏中的"绘图工具栏"按钮 ，打开"封装编辑器绘图"工具栏，单击"封装编辑器绘图"工具栏中的"2D线"按钮 ，进入绘图模式，单击鼠标右键，在弹出的快捷菜单中单击"圆形"命令，绘制圆形外轮廓，如图7-43所示。

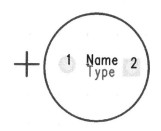

图 7-42　焊盘修改结果　　　　　　　图 7-43　绘制圆形外轮廓

7）单击"标准"工具栏中的"绘图工具栏"按钮 ，打开"封装编辑器绘图"工具栏，单击"封装编辑器绘图"工具栏中的"2D 线"按钮 🖿，进入绘图模式，单击鼠标右键，在弹出的快捷菜单中单击"路径"命令，绘制电源正极，如图 7-44 所示。

8）执行菜单栏中的"文件"→"保存封装"命令，则弹出"将 PCB 封装保存到库中"对话框，在"库"下拉列表框中选择库文件"example. pt9"，在"PCB 封装名称"文本框中输入文件名称"CX02 - D"，如图 7-45 所示。

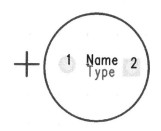

图 7-44　绘制电源正极　　　　　　　图 7-45　保存 PCB 封装

9）单击"确定"按钮，完成封装元件的绘制，并将保存的新元件封装到指定的元件库中。

7.6.5　RS030 封装元件

1）在 PCB 封装编辑环境中，执行菜单栏中的"文件"→"新建封装"命令，创建一个新的封装元件。

2）单击"标准"工具栏中的"绘图工具栏"按钮 🔲，打开"封装编辑器绘图"工具栏，单击"封装编辑器绘图"工具栏中的"端点"按钮 🔘，弹出如图 7-46 所示的焊盘属性设置对话框。

3）单击"确定"按钮，关闭对话框，进入焊盘放置状态，放置两个元件焊盘，如图 7-47 所示。

图 7-46　焊盘属性设置对话框　　　　　图 7-47　放置两个元件焊盘

4）执行菜单栏中的"设置"→"焊盘栈"命令，则弹出"焊盘栈特性"对话框，在"焊盘样式"下选择方形焊盘，如图 7-48 所示。

图 7-48 "焊盘栈特性"对话框

5）单击"确定"按钮，退出对话框，焊盘修改结果如图 7-49 所示。

6）单击"标准"工具栏中的"绘图工具栏"按钮，打开"封装编辑器绘图"工具栏，单击"封装编辑器绘图"工具栏中的"2D 线"按钮，进入绘图模式，绘制封装轮廓，如图 7-50 所示。

图 7-49 焊盘修改结果   图 7-50 绘制封装轮廓

7）选中焊盘编号，单击鼠标右键，在弹出的快捷菜单中单击"特性"命令，弹出如图 7-51 所示的"端点编号特性"窗口，设置编号位置，结果如图 7-52 所示。

图 7-51 "端点编号特性"窗口   图 7-52 设置编号位置结果

8）执行菜单栏中的"文件"→"保存封装"命令，弹出"将 PCB 封装保存到库中"对话框，在"库"下拉列表框中选择库文件"example.pt9"，在"PCB 封装名称"文本框中输入文件名称"RS030"，如图 7-53 所示。

图 7-53　保存 PCB 封装

9）单击"确定"按钮，完成封装元件的绘制，并将保存的新元件封装到指定的元件库中。

10）执行菜单栏中的"文件"→"退出封装元件编辑器"命令，退出封装编辑环境。

11）执行菜单栏中的"文件"→"库"命令，弹出如图 7-54 所示的"库管理器"窗口，在"库"下拉列表框中选择库文件"example"，在"筛选条件"选项区域内单击"封装"按钮，显示创建的元件。

12）单击"关闭"按钮，关闭此窗口。

图 7-54　"库管理器"窗口

第8章 电路板布线

本章主要介绍 PADS Layout 9.5 的布线设计。在 PCB 设计中，工程人员往往容易忽视布局设计，其实布局设计在整个 PCB 设计中的重要性并不低于布线设计。当完成了布局而开始布线之前，必须进行一系列的布线前准备工作，特别是如果设计多层板，那么第 10 章中有关设置的内容（如设计规则设置和层定义设置等）就必须加强复习，应该养成一种良好的设计习惯。

 知识点

- ECO 设置
- 布线设计
- 覆铜设计

8.1 ECO 设置

PADS Layout 专门提供了一个用于更改使用的 ECO（Engineering Change Order）工具盒。如果在其他工具栏操作状态下进行有关的更改操作，则 PADS Layout 系统都会实时提醒用户到 ECO 模式下进行，因为 PADS Layout 系统对所有的更改实行统一管理，统一记录所有 ECO 更改数据。这个记录所有更改数据的 ECO 文档不单可以对原理图实施自动更改，使其与 PCB 设计保持一致，而且由于它可以使用文字编辑器打开，因此为设计提供了又一个可供查询的证据。

在 PADS Layout 中单击"标准"工具栏中 ECO 工具栏"按钮 ，则弹出一个有关 ECO 文档设置的对话框，如图 8-1 所示。

在这个 ECO 文档设置框中的各个设置项意义如下。

1）编写 ECO 文件：如果勾选此复选框，则表示 PADS Layout 将所有的 ECO 过程记录在 XXX. eco 文件中，并且这些记录数据可以反馈到相应的原理图中。

2）附加到文件：如果勾选此复选框，那么在 ECO 更改中，当使用同一个更改记录文件来记录更改数据时，每一次的更改数据都是在前一次之后继续往下记录，而不会将以前的记录数据覆盖。

图 8-1 "ECO 选项"对话框

3）文件名：设置记录更改数据的文件名和保存此文件的路径。

4）关闭 ECO 工具箱后编写 ECO 文件：在关闭 ECO 工具盒或退出 ECO 模式时更新 ECO 文件数据。

5）属性扩展：设计领域扩展到更高的层，用于记录属性，如从 ECO 文件中选择元件类型或板框。

6）仅输出 ECO 注册元件：如果勾选此复选框，则表示在 ECO 中只记录在建立元件时已经注册了的元件。

7）输出封装更改内容：勾选此复选框后，在 "eco" 文件中记录元件封装的改变。

8.2　布线设计及操作前的准备

在 PCB 设计中，布线是完成产品设计的重要步骤，可以说前面的准备工作都是为它而做的。在整个 PCB 中，以布线的设计过程限定最高、技巧最细、工作量最大。PCB 布线有单面布线、双面布线及多层布线。布线的方式也有两种，即自动布线和交互式布线，在自动布线之前，可以用交互式预先对要求比较严格的线进行布线，输入端与输出端的边线应避免相邻平行，以免产生反射干扰。必要时应加地线隔离，两相邻层的布线要互相垂直，平行则容易产生寄生耦合。

自动布线的布通率，依赖于良好的布局，布线规则可以预先设定，包括走线的弯曲次数、导通孔的数目、步进的数目等。一般先进行探索式布线，快速地把短线连通，然后进行迷宫式布线，先把要布的连线进行全局的布线路径优化，可以根据需要断开已布的线，并试着重新再布线，以改进总体效果。

对目前高密度的 PCB 设计已感觉到贯通孔不太适应了，它浪费了许多宝贵的布线通道，为解决这一矛盾，出现了盲孔和埋孔技术，不仅完成了导通孔的作用，还省出许多布线通道使布线过程完成得更加方便、流畅、完善，PCB 板的设计过程是一个复杂的过程，要想很好地掌握它，还需广大电子工程设计人员自己体会，才能悟出其中的真谛。

1. 电源、地线的处理

即使在整个 PCB 板中的布线完成得都很好，但由于电源、地线的考虑不周到而引起的干扰，会使产品的性能下降，有时甚至影响产品的成功率。所以对电源、地线的布线要认真对待，把其所产生的噪声干扰降到最低，以保证产品的质量。

对每个从事电子产品设计的工程人员来说都明白地线与电源线之间噪声所产生的原因，现只对降低式抑制噪声做表述：

- 众所周知的是在电源、地线之间加上去耦电容。
- 尽量加宽电源、地线宽度，最好是地线比电源线宽，它们的关系是：地线 > 电源线 > 信号线，通常信号线宽为 0.2 ~ 0.3 mm，最精细宽度可达 0.05 ~ 0.07 mm，电源线为 1.2 ~ 2.5 mm。
- 对于数字电路的 PCB，可使用宽的地导线组成一个回路，即构成一个地网来使用（模拟电路的地不能这样使用）。
- 用大面积铜层做地线用，在印制板上把没被用上的地方都与地相连接作为地线用；或做成多层板，电源和地线各占用一层。

2. 数字电路与模拟电路的共地处理

现在有许多PCB不再是单一功能电路（数字或模拟电路），而是由数字电路和模拟电路混合构成的。因此在布线时就需要考虑它们之间互相干扰的问题，特别是地线上的噪音干扰。

数字电路的频率高，模拟电路的敏感度强，对信号线来说，高频的信号线尽可能远离敏感的模拟电路器件，对地线来说，整人PCB对外界只有一个节点，所以必须在PCB内部处理数、模共地的问题，而在板内部数字地和模拟地实际上是分开的，它们之间互不相连，只是在PCB与外界连接的接口处（如插头等）相连。数字地与模拟地有一点短接，请注意，只有一个连接点。也有在PCB上不共地的，这由系统设计来决定。

3. 信号线布在电（地）层上

在多层印制板布线时，由于在信号线层没有布完的线剩下已经不多，再多加层数就会造成浪费，也会给生产增加一定的工作量，成本也相应增加了。为解决这个矛盾，可以考虑在电（地）层上进行布线。首先应考虑用电源层，其次才是地层，因为最好保留地层的完整性。

4. 大面积导体中连接引脚的处理

在大面积的接地（电）中，常用元器件的引脚与其连接，对连接引脚的处理需要进行综合考虑。就电气性能而言，元件引脚的焊盘与铜面满接为好，但对元器件的焊接装配就存在一些不良隐患如：①焊接需要大功率加热器；②容易造成虚焊点。所以兼顾电气性能与工艺需要，做成十字花焊盘，称之为热隔离（heatshield），俗称热焊盘（Thermal），这样，可使在焊接时因截面过分散热而产生虚焊点的可能性大大减小。多层板的接电（地）层引脚的处理与此相同。

5. 布线中网络系统的作用

在许多CAD系统中，布线是依据网络系统决定的。网格过密，通路虽然有所增加，但步进太小，图场的数据量过大，这必然对设备的存贮空间有更高的要求，同时也对电子产品的运算速度有极大的影响。而有些通路是无效的，如被元件引脚的焊盘占用的或被安装孔、定位孔所占用的等。网格过疏，通路太少对布通率的影响极大，所以要有一个疏密合理的网格系统来支持布线的进行。

标准元器件两引脚之间的距离为0.1英寸（1 in＝2.54 mm），所以网格系统的基础一般就定为0.1 in（2.54 mm）或小于0.1 in的整倍数，如0.05 in、0.025 in、0.02 in等。

6. 设计规则检查（DRC）

布线设计完成后，需认真检查布线设计是否符合设计者所制定的规则，同时也需确认所制定的规则是否符合印制板生产工艺的需求，一般检查有如下几个方面：

- 线与线，线与元件焊盘，线与贯通孔，元件焊盘与贯通孔，贯通孔与贯通孔之间的距离是否合理，是否满足生产要求。
- 电源线和地线的宽度是否合适，电源与地线之间是否紧耦合（低的波阻抗），在PCB中是否还有能让地线加宽的地方。
- 对于关键的信号线是否采取了最佳措施，如长度最短、加保护线、输入线及输出线被明显地分开。
- 模拟电路和数字电路部分，是否有各自独立的地线。

- 后加在 PCB 中的图形（如图标、注标）是否会造成信号短路。
- 对一些不理想的线形进行修改。
- 在 PCB 上是否加有工艺线，阻焊是否符合生产工艺的要求，阻焊尺寸是否合适，字符标志是否压在器件焊盘上，以免影响电装质量。
- 多层板中的电源地层的外框边缘是否缩小，如电源地层的铜箔露出板外则容易造成短路。

8.3 PADS Router 布线编辑器

前面介绍了 PADS Layout 的几种手工布线方式，但是随着 EDA 领域的不断发展，工程人员对计算机代替人工布线的欲望已经可以说是望眼欲穿了。1999 年，PADS 公司推出了一个基于 PADS 的功能强大的全自动布线器 PADS Router。PADS Router 不但采用了全新的 Latium 技术，而且也继承了 PADS 获得大奖的用户界面风格和容易操作使用的特点，一般会使用 PADS Layout 的用户就一定会使用它。所以 PADS Router 不愧为一个真正非常实用的布线工具。

可以直接从 PADS Layout 中通过执行主菜单中的"工具"→"PADS Router"命令或到程序组中单独启动 PADS Router，因为它是一个可以脱离 PADS Layout 而独立运行的应用软体，如图 8-2 所示。

图 8-2　PADS Router 全自动布线器

当一个 PCB 设计从 PADS Layout 中传送到 PADS Router 时，在 PADS Layout 中所定义的设计规则也会随着 PCB 设计而传到 PADS Router 中，所以对于一个需要进行全自动布线的设计，可以在 PADS Layout 中定义布线时所遵守的设计规则，当然这些设计规则也可以在

PADS Router 中修改甚至重新定义。

由于 PADS Router 是一个独立的软件，因此对于 PCB 设计文件来说，如果不从 PADS Layout 9.5 传入，则可以单独启动 PADS Router 9.5 后，直接执行菜单栏中的"文件"→"打开"命令，打开所需进行自动布线的文件。

当将 PCB 文件调入后，就可以进行自动布线了，PADS Router 自动布线的方式非常灵活，单击"标准"工具栏中的"布线"按钮，在弹出的"布线"工具栏中单击"启动自动布线"按钮，即可进行整板自动布线；在进行自动布线时可以根据需要选择所需的自动布线的对象，不仅如此，一些网络还可以在 PADS Layout 中先将其完成走线，然后设置为保护线，那么这些保护线在 PADS Router 中将不被做任何改动而保持原样。

PADS Router 中的其他功能使用方式和风格都和 PADS Layout 具有相同之处，对于一个使用 PADS Layout 的用户来讲，使用 PADS Router 绝对不是一件难事。

8.4 覆铜设计

大面积覆铜是电路板设计后期处理的重要一步，它对电路板制作后的电磁性能起关键性作用。对于速率较高的电路，大面积覆铜更是必不可少。有关其理论推导的内容，读者可以参阅电磁场和电磁波的相关书籍。

8.4.1 铜箔

在 PADS Layout 应用中，"铜箔"与"覆铜"完全不同，顾名思义，"铜箔"就是建立一整块实心铜箔，而"覆铜"是以设定的铜箔外框为准，对该框内进行灌铜，重点在"灌"字上，而且在灌铜的过程中它将遵循所定义的规则（如铜箔与走线的距离、与焊盘的距离）来进行智能调整，以保证所灌入的铜与所定义的对象保持规定的距离等。

1. 建立铜箔

由于建立铜箔时不受任何规则约束，因此这个功能不能在 DRC（在线规则检查）模式处于有效的状态下操作，如果系统此时 DRC 处于打开状态，则可用直接命令 DRO 关掉它，否则将会弹出如图 8-3 所示的警告窗口。

建立铜箔的操作步骤如下：

1）启动 PADS Layout，单击"标准"工具栏中"绘图"按钮。

2）在打开的"绘图"工具栏中单击"铜箔"按钮，系统进入建立铜箔模式。

3）单击鼠标右键，在弹出的快捷菜单选择：矩形、多边形、圆形和路径来建立4种形状的铜箔。

4）当选好所要建立的铜箔形状后，即可分别在设计中将此铜箔画出，图 8-4 所示是对应的4种形状的铜箔。

铜箔在设计中是一个对象，所以完全可以对其进行编辑，甚至将其变为设计中的某一网络，下面将介绍如何编辑铜箔。

图 8-3　DRC 警告窗口

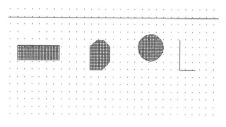

图 8-4　4 种形状的铜箔

2. 编辑铜箔

建好了一块实心铜箔后，根据需要有时需要对其进行修改，修改时先退出建立铜箔状态，单击鼠标右键，在弹出的快捷菜单中单击"选择形状"命令可以一次性点亮整块铜箔。如果是对这块铜箔进行某一边的编辑，则单击"随意选择"命令。

现在改变一个实心铜箔的网络名，使其与连在一起的网络（如 GND）成为一个网络。如上述中所述，从弹出的快捷菜单中单击"选择形状"命令，再单击实心铜箔外框，整个铜箔点亮，单击鼠标右键，从弹出的快捷菜单中单击"特性"命令，则弹出"绘图特性"窗口，如图 8-5 所示。

图 8-5　"绘图特性"窗口

在"网络分配"选项区域内的下拉列表框中选择"GND"选项，单击"确定"按钮，则这个实心的铜箔就与 GND 网络成为一个网络。如果要改变实心铜箔的形状，则先点亮某一边，再单击鼠标右键，在弹出的快捷菜单中单击所需的命令进行修改即可。

❗注意

有时常需要在这个实心的铜箔中挖出各种形状的图形，这时单击"绘图"工具栏中的"铜挖空区域"按钮🔳，然后在一个实心铜箔中画一个所需的图形。但是画完之后看不见被挖出的图形，其原因是没有将这个实心铜箔与这个挖出的图形进行"合并"。进行结合只需先点亮实心铜箔，然后按住〈Ctrl〉键，再点亮挖出的图形框，也可以通过按住鼠标左键拖出一个矩形框来将它们同时点亮。最后单击鼠标右键，从弹出的快捷菜单中单击"合并"命令，则被挖出的图形就马上在实心铜箔中显示出来，如图8-6所示。

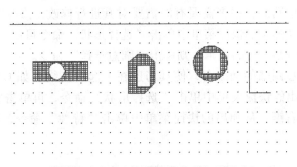

图8-6　从实心铜箔中挖出的各种图形

8.4.2　覆铜

"铜箔"与"覆铜"有很大区别，后者带有很大的智能性，而"铜箔"是一块实实在在铜箔，下面将介绍有关灌铜的操作和编辑。

1. 建立覆铜

建立灌铜和建立铜箔不同，铜箔是画出来的，而灌铜却体现在一个"灌"字上。既然是灌，那么一定需要一个容纳铜的区域，所以在建立灌铜时必须先设定好灌铜范围。下面介绍有关灌铜的具体操作步骤：

1) 启动 PADS Layout，单击"标准"工具栏中"绘图工具栏"按钮🔳。

2) 从打开的"绘图"工具栏中单击"覆铜"按钮🔳，其目的是先绘制出覆铜的区域。

3) 单击鼠标右键，从弹出的快捷菜单中选择：多边形、圆形、矩形和路径，这4种绘图方式中的一种来建立灌铜区面积的形状，在设计中绘制出所需灌铜的区域。

4) 当建立好覆铜区域后，单击"绘图"工具栏中的"灌注"按钮🔳，此时系统进入了灌铜模式。在设计中单击所需灌铜的区域外框，然后系统开始往此区域灌铜。在灌铜过程中，系统将遵守在设计规则中所定义的有关规则，如铜箔与走线、过孔和元件引脚等之间的间距。如图8-7所示，这是一个对表层灌铜的范例。

同铜箔一样，如果在灌铜区域内设置一个禁止灌铜区，则系统在进行灌铜时这个禁区将不灌入铜。单击"绘图"工具栏中的"禁止区域"按钮🔳，然后单击鼠标右键，在弹出的快捷菜单中选择绘制禁止区方式。以图8-7所示为例，在灌铜区设置一个圆形禁铜区，重新灌铜后如图8-8所示。

图 8-7 灌铜

图 8-8 设置了禁止灌铜区后的灌铜效果

PADS Layout 自动对灌铜矩形边框进行灌铜操作，完成后会自动打开记事本，将灌铜时的错误生成报表显示在记事本中，报表包括错误的原因和错误的坐标位置，如图 8-9 所示。

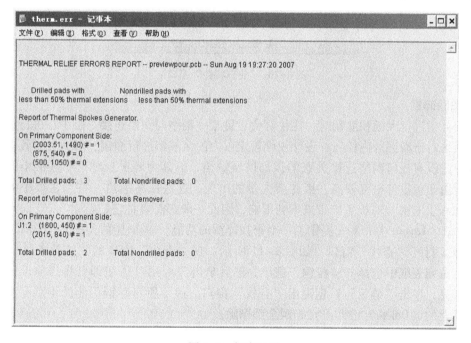

图 8-9 报表显示

2. 编辑灌铜

同编辑铜箔一样，可以对灌铜进行各种各样的编辑，最常见的就是查询与修改。

如果希望对某灌铜区编辑，最好使用直接命令 PO 将灌铜关闭，只显示灌铜区外框，否则可能无法点亮整个灌铜区。当点亮了灌铜区外框后，单击鼠标右键，从弹出的快捷菜单中单击"特性"命令，则弹出如图 8-10 所示的"绘图特性"窗口。

最常见的是编辑灌铜的属性，一般总是将灌铜与某一网络连在一起从而形成一个网络，最常见的连接网络有地（GND）和电源等。例如，连接地就可以在图 8-10 中的"网络分配"选项区域内的下拉列表框中选择"GND"选项，然后单击"确定"按钮即可。

图 8-10 "绘图特性"窗口

3. 删除碎铜

在设计中进行大面积灌铜时，往往都会设置某一网络与铜箔连接。由于在进行灌铜的过程中，系统对于灌铜区内任何在设计规则规定以内的区域都进行灌铜，因此会导致在灌铜区域出现一些没有任何网络连接关系的孤岛区域铜箔，称其为碎铜。对于那些很小的孤岛铜箔，有时由于板设计密度较高，因此会大量的出现，这些孤岛铜箔（特别是很小的孤岛铜箔）留在板上有时会对板生产带来不利影响，因此一般都需要将它们删除。

在 PADS Layout 中，系统提供了一个查找碎铜的功能。单击主菜单中的"编辑"→"查找"命令，打开"查找"窗口，如图 8-11 所示。在"查找"窗口的"查找条件"选项区域内的下拉列表框中选择"碎覆铜"选项，然后单击"应用"按钮即可将当前设计中的碎片全部点亮，单击"确定"按钮退出"查找"窗口。由于所有碎铜仍然处于点亮状态，因此按键盘上的〈Delete〉键即可将碎铜全部删除。

图 8-11 "查找"窗口

8.4.3 覆铜管理器

在 PADS Layout 系统中专门设置了一个有关灌铜的管理器，覆铜管理器的范围是针对当前整个设计。通过覆铜管理器可以很方便地对设计进行灌铜、快速灌铜和恢复灌铜等。

执行菜单栏中的"覆铜"→"覆铜管理器"命令，则系统弹出如图 8-12 所示的"覆铜管理器"窗口。

从图 8-12 中可知，覆铜管理器一共有 3 个选项卡，即"灌注""填充"和"平面链接"。

覆铜管理器的第一部分是灌注，如图 8-12 所示。它主要有两个功能，也就是有两种灌注模式。

图 8-12　"覆铜管理器"窗口

1）全部灌注：对整个设计进行灌铜。

2）快速灌注：对整个设计快速灌铜。

可根据需要选择其中一种，对当前的设计进行灌铜。除此之外，在窗口的下方还有一个"确认灌注操作"复选框，如果勾选，那么当单击"开始"按钮进行灌铜时，系统会弹出一个提示对话框询问是否确定进行灌铜，如图 8-13 所示，单击"是"按钮，系统便开始对当前设计进行灌铜，如果单击"否"按钮，则放弃灌铜。若不勾选此复选框，则单击"开始"按钮后，系统将不进行任何的询问而直接开始灌铜。

如果单击窗口中的"设置"按钮，与前面介绍的"热焊盘"设置完全一样，请自行参考。

单击"覆铜管理器"窗口中第二个选项卡"填充"即可进入覆铜管理器恢复灌注功能模式，如图 8-14 所示。

图 8-13　提示对话框

图 8-14　恢复灌铜管理

从图 8-14 中可知，恢复覆铜有两种方式。

1）全部填充：恢复全部灌铜。

2）快速填充：快速恢复全部灌铜。

从两种方式中选择一种后单击"开始"按钮，系统便开始恢复全部灌铜，单击窗口下的"设置"按钮，弹出的"设置"窗口同本书中介绍的设置内容完全相同，这里不再重复，请自行参考。

覆铜管理器的最后一个管理功能是"平面链接"，单击图 8-15 中的"平面链接"选项卡即可进入此功能

图 8-15　"平面链接"选项卡

模式下，如图 8-15 所示。

在 PADS Layout 系统中平面层有两种，即 CAMPlane 和 Split/Mix，其实这里指的平面层一般都是指电源（Power）和地层（GND）。CAMPlane 层在输出 Gerber 时采用的是负片形势，不需要灌铜处理。而 Split/Mix（混合分割层）采用的却是灌铜方式，所以需要对其进行灌铜。

在进行 Split/Mix（混合分割层）灌铜时可以使用此"PlaneConnect"功能来进行，在图 8-15 中的"层"列表框中选择某一个层后单击"开始"按钮即可。在窗口下的"确认连接操作"复选框同上述在"灌注"选项卡中介绍的用法和功能完全一样，请自行参考。

有关"平面链接"模式下的"分割/混合平面"设置同本书前介绍的设置完全一样，这里不再重复。

8.5 尺寸标注

尺寸标注是将设计中某一对象的尺寸属性以数字化的方式展现在设计中，给人一种一目了然的感觉，这种方式不但在其他的 CAD 领域中常用，在 PCB 设计中也尤为常见。

在 PADS Layout 系统中，单击"标准"工具栏中的"尺寸标注工具栏"按钮，则弹出自动尺寸标注工具栏，如图 8-16 所示。

图 8-16　自动尺寸标注工具栏

系统一共提供了 8 种尺寸标注方式，即自动尺寸标注、水平、垂直、已对齐、已旋转、角度、圆弧、引线。

从 PADS Layout 自动尺寸标注工具栏中选择一种标注方式，然后在设计中空白处单击鼠标右键，则弹出如图 8-17 所示的快捷菜单。这个快捷菜单一共分成 3 部分：

1）捕获方式，表示如何捕捉尺寸标注的起点和终点，包括：捕捉至拐角、捕捉至中点、捕捉至任意点、捕捉至中心、捕获至圆/圆弧、捕获至交叉点、捕获至四分之一圆周、不捕获。

2）取样方式，表示进行标注时对边缘的选取方式，有 3 种模式可选择：使用中心线、使用内边、使用外边，如图 8-18 所示。

图 8-17　右键快捷菜单

注意

"不捕获"方式是一种自由发挥捕捉方式，可以选择设计中任何一个点作为尺寸标注的首末点，包括设计画面空白处，这个空白处没有任何对象，这就是它区别于"捕获至任意点"项的地方，因为"捕获至任意点"虽然可以捕捉任何点，但是捕捉对象一定要存在而不能是空白。

3）标注基准线的选择方式有基线和继续两种。其中，"基准"是指进行尺寸标注时作为参考对象的线条，标注时的起点就是基准线上的点。

单击"尺寸标注"工具栏中的"尺寸标注选项"按钮，弹出如图 8-19 所示的"选项"窗口，默认打开"尺寸标注/常规"选项，设置标注所在图层及标注显示对象。

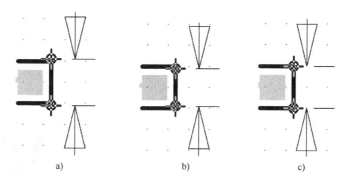

a) b) c)

图 8-18 3 种取样模式

a）使用中心线 b）使用内边 c）使用外边

图 8-19 "选项"窗口

打开"对齐标记和箭头"选项，如图 8-20 所示，设置标注的箭头样式及对其工具。

图 8-20 "对齐标记和箭头"选项

打开"文本"选项，如图 8-21 所示，设置标注的文本参数。

图 8-21 "文本"选项

8.5.1 水平尺寸标注

水平尺寸标注是一个水平方向专用的尺寸标注工具，也就是说它的尺寸标注功能仅是对水平方向而言，标注值就是指这首末两点之间的水平距离值。水平尺寸标注方法如下：

1）单击"尺寸标注"工具栏中的"水平"按钮，使系统进入水平尺寸标注模式状态，在设计空白处单击鼠标右键，在弹出的快捷菜单中单击"使用中心线"命令。

2）单击图中第一点确立标注起点，再单击图中的第二点，则系统自动以水平尺寸标注出这两点之间的水平距离，结果如图 8-22 所示。

如果试图使用它对其他方向进行尺寸标注，那么将弹出错误信息提示对话框，如图 8-23 所示。

图 8-22 水平尺寸标注结果

图 8-23 错误信息提示对话框

8.5.2 垂直尺寸标注

垂直尺寸标注是一个垂直方向专用的尺寸标注工具，也就是说它的尺寸标注功能仅是对垂直方向而言，标注值就是指这首末两点之间的垂直距离值。垂直尺寸标注方法如下：

1）单击"尺寸标注"工具栏中的"垂直"按钮 ，使系统进入垂直尺寸标注模式状态，在设计空白处单击鼠标右键，在弹出的快捷菜单中单击"使用中心线"命令。

2）单击图中第一点确立标注起点，再单击图中的第二点，则系统自动以垂直尺寸标注出这两点之间的垂直距离，结果如图 8-24 所示。

图 8-24　垂直尺寸标注结果

8.5.3 自动尺寸标注

"自动尺寸标注"可以说包括所有其他的 7 种标注方式，即可以完成另外 7 种方式中的任何一种所能做到的标注。它所标注出来的尺寸完全决定于选择的对象，如说选择 PCB 板的水平外框线，则出现的标注就是相当于用尺寸标注工具栏中的"水平"（水平标注）所完成的尺寸标注，如果选择的是板框的圆角拐角，则标注出来的圆弧半径相当于尺寸工具栏中的"圆弧"（圆弧标注）功能图标来完成的标注。

单击"尺寸标注"工具栏中的"自动尺寸标注"按钮 ，进入自动标注模式。在图中对象上任意一点单击，则系统自动标注出对象对应的尺寸，结果如图 8-25 所示。

图 8-25　自动标注结果

如果使用"自动尺寸标注"按钮，则有时能很快地提高标注速度。只是在标注前一定要对所需标注的对象进行合适的设置，否则完全有可能得不到所想要的标注结果。

8.5.4 对齐尺寸标注

"对齐"尺寸标注用于标注任意方向上两个点之间的距离值，这两个点不受方向上的限制，如果在水平方向上就相当于水平尺寸标注，如在垂直方向上就相当于垂直尺寸标注，所以在某种意义上讲，它包括了水平和垂直两种标注方法。

1）单击"尺寸标注"工具栏中的"已对齐"按钮，使系统进入对齐尺寸标注模式状态，在进行尺寸标注前应选择捕捉方式，即在设计空白处单击鼠标右键，在弹出的快捷菜单中单击"捕获至拐角"和"使用中心线"命令。

2）单击图 8-26 中的第一点，系统自动捕捉到拐角处建立了标注起点，单击鼠标右键，在弹出的快捷菜单中单击"捕获至中点"命令。

图 8-26　选择第一点

3）再单击图 8-26 中的第一点所示圆弧线上的任意一点，则系统自动捕捉到圆弧中点并以对齐尺寸标注方式标注出这两点之间的距离，如图 8-27 所示。

图 8-27　选择第二点

拖动浮动的标注，在适当位置单击，放置标注结果，如图 8-28 所示。

286

图 8-28　放置标注结果

8.5.5　旋转尺寸标注

"已旋转"尺寸标注是一种更为特殊的尺寸标注模式，因为同其他标注方式相比，它有很大的灵活性且包含了上述 3 种标注方式。

对于任何两个点而言，它的尺寸标注值不是唯一的，给出的标注角度（此角度可以从0°到360°）条件不同，就会得出不同的标注结果。所以称这种尺寸标注法为旋转尺寸标注法，也可以称为条件标注法，标注步骤如下。

1）单击"尺寸标注"工具栏中的"已旋转"按钮，使系统进入旋转尺寸标注模式状态。

2）单击第一点处，系统自动捕捉到拐角处并建立了标注起点，再单击第二点所在线段，系统自动捕捉到该段中点上并且弹出如图 8-29所示的"角度旋转"对话框，在此要求输入一个角度数，这个角度输入不同的值，尺寸标注值的结果完全不一样。

图 8-29　输入角度

输入角度 120，尺寸标注线出现在十字光标上，移动到合适的位置后单击鼠标左键确定，则旋转尺寸标注完成，如图 8-30 所示。

图 8-30　旋转尺寸标注

若输入角度为150，则显示标注如图 8-31 所示。

图 8-31　旋转 150°标注结果

8.5.6　角度尺寸标注

角度的标注原理和步骤大致跟上述几种标注基本相同，最大的区别在于，它需要选择两个点作为尺寸标注起点直线，同理，尺寸标注终点也需要选择两个点，因为角度是由两条直线相交而形成的，两点确定一条直线，所以需要选择 4 个点以产生两条相交直线。角度尺寸标注方法如下：

1）单击"尺寸标注"工具栏中的"角度"按钮，使系统进入角度尺寸标注模式状态。

2）两点确定一条直线，这两个点可以是直线上的任意两点，所以在设计空白处单击鼠标右键，在弹出的快捷菜单中单击"捕获至任意点"命令。

3）单击图 8-32 中的第 1 点和第 2 点处，确定角度标注起点直线。

4）再单击图中的第 3 点与第 4 点处，这时这两条直线确定的角度值就出现在十字光标上，调节到适当的位置即可，如图 8-33 所示。由此可见，角度的标注并不复杂，只是在标注时要灵活地选择两条直线上的 4 个点。

图 8-32　角度尺寸标注

288

图 8-33　放置标注

8.5.7　圆弧尺寸标注

在所有的尺寸标注工具中，就操作方式上讲，圆弧标注是最简单的一种标注，它不需要选择任何捕捉方式，在"尺寸标注"工具栏中单击"圆弧"按钮，然后直接到设计中选择所需要标注的任何圆弧，单击圆弧后系统即可标上尺寸标注。

圆弧标注方式实际上是标注选定圆或圆弧的半径或直径，而不是弧长。在"工具"→"选项/尺寸标注"选项中有"圆尺寸标注"选项区域，如图 8-34 所示。

图 8-34　"圆尺寸标注"选项区域

8.5.8 引线尺寸标注

除了前几个小节介绍的各种尺寸标注外，还有一种最特殊的标注法，它的标注不是自动产生，而是要人为输入，即引线尺寸标注，它实际上并不完全属于一种尺寸标注法。

单击"标准"工具栏中的"尺寸标注工具栏"按钮，打开"尺寸标注"工具栏。单击"尺寸标注"工具栏中的"引线"按钮，单击鼠标右键，在弹出的快捷菜单中选择捕捉方式，然后选择要标注的对象，此时在十字光标上出现一个箭头标注符，移动光标，最后双击鼠标左键定成，则弹出一个对话框（见图 8-35），可以在此对话框中输入任意的说明性（Text）文字。

在"文本值"对话框中输入文字来对设计中的标注加以说明，输入完毕后单击"确定"按钮完成输入，则所输入的说明性文字出现在十字光标上，移动到合适的位置后双击鼠标左键即完成放置。

图 8-35 "文本值"对话框

8.6 操作实例——看门狗电路的 PCB 设计

本例要求创建如图 8-36 所示的看门狗电路 OLE 连接，完整地演示电路板的设计过程，练习手动布局与自动布线。

图 8-36 看门狗电路原理图

1. 删除碎铜

1）打开 PADS Logic，单击"标准"工具栏中的"打开"按钮，在弹出的"文件打开"对话框中选择绘制的原理图文件"Guard Dog. sch"。

2）单击"标准"工具栏中的"PADS Layout"按钮 ，弹出提示对话框，如图 8-37 所示，单击"新建"按钮，打开 PADS Layout 并自动建立一个新文件。

3）在 PADS Logic 窗口中，自动打开"PADS Layout 链接"对话框，单击"设计"选项卡中的"发送网表"按钮，如图 8-38 所示。

图 8-37　提示对话框

图 8-38　"设计"选项卡

4）将原理图中的网络表传递到 PADS Layout 中，同时记事本显示传递过程中的错误报告，如图 8-39 所示。

图 8-39　显示的错误报告

5）弹出提示对话框，如图 8-40 所示，单击"是"按钮，弹出生成的网表文本文件，如图 8-41 所示。

6）关闭报表的文本文件，单击 PADS Layout 窗口，可以看到各元件已经显示在 PADS Layout 工作区域的原点上了，如图 8-42 所示。

图 8-40　提示对话框

图 8-41　网表文本文件

图 8-42 调入网络表后的元件 PCB 图

7）单击"标准"工具栏中的"保存"按钮 ![save]，输入文件名称"Guard Dog"，保存 PCB 图。

8）单击"标准"工具栏中的"绘图工具栏"按钮 ![draw]，打开"绘图"工具栏。

9）单击"绘图"工具栏中的"板框和挖空区域"按钮 ![btn]，确定电路板的边框，如图 8-43 所示。

图 8-43 电路板边框

2. 环境设置

1）执行菜单栏中的"工具"→"选项"命令，弹出"选项"窗口，选择其中的"全局"节点，选择设计单位为"公制"，如图 8-44 所示。单击"确定"按钮，关闭对话框。

2）执行菜单栏中的"设置"→"层定义"命令，弹出"层设置"对话框，对 PCB 的层定义进行参数设置，如图 8-45 所示。

3）执行菜单栏中的"设置"→"焊盘栈"命令，弹出"焊盘栈特性"对话框，对 PCB 的焊盘进行参数设置，如图 8-46 所示。

4）执行菜单栏中的"设置"→"钻孔对"命令，弹出"钻孔对设置"对话框，对 PCB 的钻孔层进行参数设置，如图 8-47 所示。

5）执行菜单栏中的"设置"→"跳线"命令，弹出"跳线"对话框，对 PCB 的跳线进行参数设置，如图 8-48 所示。

图 8-44 参数设置

图 8-45 "层设置"对话框

图 8-46 "焊盘栈特性"对话框

图 8-47 "钻孔对设置"对话框

图 8-48 "跳线"对话框

6）执行菜单栏中的"设置"→"设计规则"命令，弹出"规则"对话框，对 PCB 的规则进行参数设置，如图 8-49 所示。

图 8-49 "规则"对话框

3. 手动布局

1）执行菜单栏中的"工具"→"分散元器件"命令，弹出如图 8-50 所示的散开元件提示对话框，单击"是"按钮，可以看到元件被全部散开到板框线以外，并有序地排列开来，如图 8-51 所示。

2）在同类型的尽量就近放置、减少布线及美观等因素下，对元器件封装进行布局操作，结果如图 8-52 所示。

4. 自动布线

1）单击"标准"工具栏中的"布线"按钮![图标]，打开"PADS Router"界面，在该图形界面中对电路板进行布线设计，如图 8-53 所示。

图 8-50 散开元件提示对话框

294

图 8-51 散开元件

图 8-52 布局效果

图 8-53 布线界面

2）单击"标准"工具栏中的"布线"按钮，弹出"布线"工具栏，单击"布线"工具栏中的"启动自动布线"按钮，进行自动布线，完成的 PCB 图如图 8-54 所示。

图 8-54　布线完成的电路板图

3）在"输出窗口"下显示布线信息，如图 8-55 所示。

图 8-55　布线信息

4）单击"标准"工具栏中的"保存"按钮，输入文件名称"Guard Dog_routed"，保存 PCB 图。

5. 覆铜

1）在 PADS Router 中，单击"标准"工具栏中的"Layout"按钮，打开"PADS Layout"界面，进行电路板覆铜设计，如图 8-56 所示。

图 8-56　覆铜界面

2）单击"标准"工具栏中的"绘图工具栏"按钮 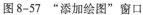，打开"绘图"工具栏。

3）单击"绘图"工具栏中的"覆铜"按钮 ，进入覆铜模式。

4）单击鼠标右键，从弹出的快捷菜单中单击"矩形"命令，沿板框边线绘制出覆铜的区域。

5）单击鼠标右键，在弹出的快捷菜单中单击"完成"命令，然后弹出"添加绘图"窗口，如图 8-57 所示，单击"确定"按钮，退出对话框，在设计中绘制出所需灌铜的区域。

6）建立好覆铜区域后，单击"绘图"工具栏中的"灌注"按钮 ，此时系统进入了灌铜模式。在设计中单击所需灌铜的区域外框，弹出询问对话框，如图 8-58 所示。

图 8-57 "添加绘图"窗口

图 8-58 询问对话框

7）单击"是"按钮，确认继续灌铜，然后系统开始往此区域灌铜，结果如图 8-59 所示。

图 8-59 覆铜结果

6. 视图显示

1）执行菜单栏中的"查看"→"3D 视图"→"动态视图"命令，弹出如图 8-60 所示的动态视图窗口。

图 8-60 动态视图窗口

2）执行菜单栏中的"查看"→"3D 视图"→"快照视图"命令，弹出如图 8-61 所示的快照视图窗口，同时生成 CCE 文件。

图 8-61 快照视图窗口

第9章 电路板后期操作

本章主要讲述 PCB 设计验证方面的内容。当完成了 PCB 的设计过程后，在将 PCB 送去生产之前，一定要对自己的设计进行一次全面的检查，在确保设计没有任何错误的情况下才可以将设计送去生产。设计验证可以对 PCB 设计进行全面或部分检查，从最基本的设计要求（如线宽、线距和所有网络的连通性）开始到高速电路设计、测试点和生产加工的检查，自始至终都为设计提供了有力的保证。

 知识点

- 设计验证
- CAM 输出
- 打印输出
- 绘图输出

9.1 设计验证

每个电路板设计软件都带有设计验证的功能，PADS Layout 也不例外。PADS Layout 提供了精度为 0.00 001 mil 的设计验证管理器，设计验证可以检查设计中的所有网络、相同网络、走线宽度及距离、钻孔到钻孔的距离、元件到元件的距离和元件外框之间的距离等，同时，进行连通性、平面层和热焊盘检查，还有动态电性能检查（Electro – DynamicCheck-ing），主要针对平行度（Parallelism）、回路（Loop）、延时（Delay）、电容（Capacitance）、阻抗（Impedance）和长度等，这样避免在高速电路设计中出现问题。

打开 PADS Layout 9.5，执行菜单栏中的"工具"→"验证设计"命令，打开"验证设计"窗口，如图 9-1 所示。窗口中各参数含义如下：

在进行设计验证时如果有错误出现，则"位置"列表框中的信息告诉了这个错误的坐标位置，以方便寻找。"解释"列表框中的信息显示了上述"位置"列表框中错误产生的原因。在"位置"列表框中选择每一个错误，在"解释"列表框中都有对应的错误原因解释信息。

窗口中的"清除错误"按钮用于清除两个列表框中的所有信息，"清除错误"按钮下面的"禁用平移"复选框，默认状态是勾选的，如果改变这种默认状态，使其处于不勾选的状态下，这时选择"位置"窗口中的任何一个错误，则 PADS Layout 系统会自动将这个错误的位置移动到设计环境的中心点，从而达到自动定位每一个错误的目的。

此外，"验证设计"窗口中还包括了 9 种检查：

- 安全间距。
- 连接性。

图 9-1 "验证设计"窗口

- 高速。
- 最大过孔数。
- 平面。
- 测试点。
- 制造。
- Latium 设计验证。
- 打线。

在设计验证中，难免会验证出各种各样的错误，为了便于用户识别各种在设计中的错误，PADS Layout 分别采用了各种不同的标示符来表示不同的错误，这些错误标示符如下：

- ⊕安全间距，安全间距出错标示符。
- ⊖连接性，可测试性和连通性出错标示符。
- ⊕高速，高频特性出错标示符。
- ⊕制造，装配错误标示符。
- ⊕最小/最大长度，最大或最小长度错误标识符，这个错误标示符只用于 PowerBGA 系统中。
- ⊚制造（只有 Latium），在区域中集合出错。
- ⊗钻孔到钻孔，钻孔重叠放置错误标示符。
- ⊘禁止区域，违反禁止区设置错误标示符。
- ⊗板边框，违反板框设置错误标示符。
- ⊕最大角度，只用于 PADS BGA 系统中。
- ⊘ Latium 错误标记，局部检查出错。

这些错误通常都会用标示符号在出错的地方标示出来，有了这些不同的标示符，就可以在设计中清楚地知道每一个出错点出错的原因。

9.1.1 安全间距验证

验证安全间距主要是检查当前设计中所有的设计对象是否有违反间距设置参数的规定，

如走线与走线距离、走线与过孔距离等。这是为了保证电路板的生产厂商可以生产电路板，因为每个生产厂商都有自己的生产精度，如果将走线与过孔放的太近，那么走线与过孔有可能短路。

利用"验证设计"窗口中的"安全间距"验证工具，用户可以毫不遗漏地检查整个设计中各对象之间的距离，验证的依据主要是在主菜单"设置"→"设计规则"中设置的安全间距参数值。

图9-2 "安全间距检查设置"对话框

打开"验证设计"窗口，如图9-1所示，选中"安全间距"单选按钮，单击"开始"按钮即可开始间距验证。

单击图9-1中的"设置"按钮，则弹出"安全间距检查设置"对话框，如图9-2所示，从中可以设置进行安全间距验证时所需进行的验证操作，对话框中各参数的含义介绍如下。

① 对于所有的网络：表示对电路板上的所有网络进行间距验证。

② 板框：表示对电路板上的边框和组件隔离区进行间距验证。

③ 板外文本：勾选此复选框后，如果进行间距验证时发现电路板外有"文本"和"符号"，则认为是间距错误。

④ 禁止区域：表示用组件隔离区的严格规则来检查隔离区的间距。

⑤ 同一网络：表示对同一网络的对象也要进行间距验证。

对于同一网络，PADS Layout 系统在以下方面可以进行设置验证：

● 从一个焊盘外边缘到另一个焊盘外边缘的间距。

● 焊盘外边缘到走出线的第一个拐角的距离。

● SMD 焊盘外边缘到穿孔焊盘外边缘的间距，其中穿孔焊盘包括通孔和埋入孔，如埋孔焊盘。

● SMD 焊盘外边缘到走出线第一个拐角的距离，这个设置可避免加工时 SMD 焊盘上的焊料可能引起的急剧角度。

● 焊盘和走线的急剧角度，不管对于生产加工还是设计本身，这项检查都是很有必要的。

⑥ 钻孔到钻孔：检查电路板上所有穿孔之间的间距。

⑦ 半导通钻孔：若勾选此复选框，则检查的孔中包括半导通钻孔。

⑧ 线宽：检查走线的宽度是否符合设计规则中规定线宽的限制。

⑨ 元件体到元件体：检查各元件的边框是否过近。

⑩ 布局边框：在默认模式下，在第 20 层比较元器件边框之间的间距；若在增加层模式下，则在第 120 层比较元器件边框之间的间距。

⑪ Latium 错误标记：标注当前设计中违背 Latium 规则的错误。Latium 规则包括以下几方面：

● 元器件安全间距规则。

● 元器件布线规则。

- 差分对规则。
- 焊盘上的过孔规则。

9.1.2 连接性验证

连接性的验证没有更多的设置参数，所以在验证窗口中的"设置"按钮成灰色无效状态。连通性除了检查网络的连通状况以外，还会对设计中的通孔焊盘进行检查，验证其焊盘钻孔尺寸是否比焊盘本身尺寸更大。

连接性的验证很简单，在验证时将当前设计整体化显示，打开"验证设计"窗口，如图 9-1 所示，选择"连接性"选项，再单击"开始"按钮，则 PADS Layout 系统即开始执行验证，如果有错误，系统将在设计中标示出来。

当发现设计中有未连通的网络时，可以单击"验证设计"窗口"位置"列表框中的每一个错误信息，则系统会在窗口的"解释"列表框中显示该连接错误产生的元件引脚位置，然后逐一排除。

9.1.3 高速设计验证

目前在 PCB 设计领域，伴随着设计频率的不断提高，高速电路的比重越来越大。设计高速电路的约束条件比低速电路多得多，所以在设计的最后必须对这些高速 PCB 设计规则进行验证。

PADS Layout 对这些高频参数的验证称为动态电性能检查（ElectroDynamicCheck），简称 EDC。

EDC 提供了在 PCB 设计过程中或设计完成后对 PCB 板的设计进行电性特性的检验和仿真功能，验证当前设计是否满足该高速电路的要求，同时 EDC 还可以使用户不必进行 PCB 实际生产和元件的装配甚至电路的实际测量，只需通过仿真 PCB 电特性参数的方法进行 PCB 设计分析，从而为高速电路的 PCB 设计提供了依据，大大缩短了开发的周期、降低了产品的成本。

因为高速 PCB 的设计应该避免信号串扰、回路和分支线过长的发生，即设计时可采用菊花链布线，当设计验证时，EDC 可自动判断信号网络是否采用了菊花链布线。

由 EDC 进行的高速验证对于所有超出约束条件的错误都会在设计中标示出来并产生相应的报告。EDC 的验证可以将其分为两类，分别如下。

1. 线性参数检查

对于线性参数的检查，EDC 会根据在系统设置定义中的 PCB 板的参数（如 PCB 板的层数、每个层的铜皮厚度、各个板层间介质的厚度和介质的绝缘参数等）、走线和铺铜的宽度和长度以及空间距离等，并指定电源地层参数，自动对 PCB 设计中每一条网络和导线计算出其阻抗、长度、容抗和延时等数据。同时，对"设计规则"所定义的高速参数设置等进行检查。

2. 串扰分析检查

串扰是指在 PCB 板上存在着两条或两条以上的导线，由于在走线时平行走线长度过长或相互距离太近，信号网络存在分支太长或回路所引起的信号交叉干扰及混乱现象。

进行 EDC 验证时，在"验证设计"窗口中选中"高速"单选按钮，在进行验证时很有必要对所需验证的对象进行设置，然后再单击右边的"设置"按钮，则系统弹出如图9-3所示的EDC设置对话框。

从图9-3中可知，在进行EDC设置时必须先确定验证对象，单击EDC设置对话框中的"添加网络"或"添加类"按钮，将所需验证的信号网络或信号束增加到EDC设置对话框中的"任务列表"列表框中。当所有所需的信号网络或信号束都增加到EDC对话框之后，就可以在8个验证复选框中选择所需验证的选项，这8个验证复选框如下：

- 检查电容。
- 检查阻抗。
- 检查平行。
- 检查纵向平行导线。
- 检查长度。
- 检查延时。
- 检查分支。
- 检查回路。

选择好验证项目之后还可以做进一步设置，单击"参数"按钮，则弹出如图9-4所示的"EDC参数"对话框。

图9-3 EDC设置对话框

图9-4 "EDC参数"对话框

EDC参数设置大概有5部分，分别如下。

- 层定义：有关层定义这部分设置本书中已做介绍，请自行翻阅。
- 平行：在这部分有两个设置，即"检查对象"和"报告详情"。在"检查对象"下拉列表框中可以选择"网络/管脚对"选项，而在"报告详情"下拉列表框中可选择"入侵/受害"（信号干扰源网络/被干扰信号网络）选项。
- 菊花链：在"报告详情"下拉列表框中所需产生报表的选择项有分支、管脚对、仅网络名和线段。

- 其他检查：在这部分中可设置一个检查对象和产生报告的对象，其中可选择项是"包含覆铜"和"使用 FieldSolver 计算"。
- 在"EDC 参数"对话框的右下角有 3 个复选框，选择所需的选项即可。

设置完这些参数后单击"确定"按钮退出设置，在 EDC 验证设置对话框的"参数"按钮旁还有一个"规则"按钮，其设置内容本书已做介绍，请自行翻阅。

当所有的 EDC 参数都设置完成后，单击 EDC 验证设置对话框中的"确定"按钮退出，然后在"设计验证"窗口中单击"开始"按钮，系统即开始高速验证。

9.1.4 平面层设计验证

在设计多层板（一般指四层以上）的时候，往往将电源、地等特殊网络放在一个专门的层中，在 PADS Layout 中称这个层为"平面"层。

进行"平面"层验证时，先打开自己的设计并将其呈整体显示状态，单击菜单栏中的"工具"→"验证设计"命令，打开"验证设计"窗口，如图 9-1 所示。选中"平面"单选按钮，再单击"设置"按钮即可进行"平面"层验证设置，系统弹出如图 9-5 所示的"混合平面层设置"对话框。

在这个对话框中有两个单选按钮可供选择：
- 仅检查热焊盘连接性。
- 检查安全间距和连接性。

在这两个单选按钮下面还有"同层连接性"复选框。设置完成后单击"确定"按钮退出设置，然后单击验证窗口中的"开始"按钮即可开始"平面"层设计验证。

图 9-5 "混合平面层设置"对话框

 小技巧

在设计时，如果将电源、地等网络设置在对应的"平面"层中，那么这些网络若是通孔元件引脚器件，则会自动按层设置接入对应的层，如果对于 SMD 器件，则需要将鼠线从 SMD 焊盘引出一段走线后通过过孔连入对应的"平面"层。在执行"平面"验证时，主要验证是否所有分配到"平面"层的网络都接入了指定的层。

在 CAM 平面中一般指对应的元件引脚和过孔是否在此层有花孔，在缓和平面层中主要验证热焊盘的属性和连通性。

9.1.5 测试点及其他设计验证

测试点设计验证主要用于检查整个设计的测试点，这些检查项包括测试探针的安全距离、测试点过孔和焊盘的最小尺寸和每一个网络所对应的测试点数目等。在设计验证窗口中选择"测试点"，然后单击"开始"按钮即可开始检查验证。

其他设计验证包括制造、Latium 设计验证、打线等设计验证，图 9-6～图 9-8 所示分别为这 3 项设计验证的设置对话框，用户可以对所需要的验证进行设置，然后单击"设置"按钮即可进行设计验证。

图 9-6 "制造检查设置"对话框

图 9-7 "Latium 检查设置"对话框

图 9-8 "打线检查设置"对话框

9.1.6 布线编辑器设计验证

1）打开 PADS Router，单击"标准"工具栏中的"设计验证"按钮，弹出如图 9-9 所示的"设计校验工具栏"。

2）在下拉列表框中显示 6 种校验方法，如图 9-10 所示，选择后单击"验证设计"按钮，开始进行校验。

图 9-9 设计校验工具栏

图 9-10 6 种校验方法

9.2 CAM 输出

当完成了所有的设计并且经验证没有任何错误后，将进行设计的最后一个过程，即输出菲林文件。

9.2.1 定义 CAM

CAM 即 Computer – AidedManufacturing（计算机辅助制作），PADS Layout 的 CAM 输出功能包括了打印和 Gerber 输出等，不管哪一种输出功能，其输出选择项都可进行设置共享，且具有在线阅览功能，能够使输出选择设置在线体现出来，真正做到可见可得，从而保证了输出的可靠性。

1）执行菜单栏中的"文件"→"CAM"命令，弹出"定义 CAM 文档"对话框，如图 9-11 所示。

图 9-11　"定义 CAM 文档"对话框

该对话框实际上是需要输出 CAM 文件的管理器。通过该对话框，用户可以把所有需要输出的 CAM 文件都设置好，再一次输出完成，类似批处理操作。日后文件有改动时，可以调用此批处理文件一次性地将这些文件数据更新过来，而且批处理文件之间交流也比较方便。

2）保存批处理文件时，单击"导出"按钮，输入时单击"导入"按钮，但在输入时如果"文档名称"列表框中有重复的文件名，则系统会提示是否要覆盖，所以在应用时要注意。

3）在"CAM 目录"下拉列表框中显示的是"default"，这是一个目录名而不是一个文件名。打开安装 PADS Layout 的目录，在里面可以找到一个 CAM 子目录，子目录下就有 default 这个目录。

⚠ 注意

default 是系统自带的默认目录。它的作用是当输出 Gerber 文件或其他 CAM 输出文件时，都会保存在这个目录下。但在实际中往往希望不同设计的 CAM 输出文件放在不同的目录下。

4）单击 default 旁边的下拉按钮，选择"创建"选项，系统弹出"CAM 问题"对话框，在文本框中输入新的目录名，如图 9-12 所示。

图 9-12　输入新的目录名

5）输入一个新的目录名后单击"确定"按钮，关闭对话框，这个新的子目录名就建立完成了，它是当前 CAM 输出文件的保存目录，当前所有的 CAM 输出文件都将保存在这个目录下。

6）单击"孔径报告"按钮，将所有输出 Gerber 文件的光码文件合成为一个光码表文件。

7）单击"添加"按钮，弹出"添加文档"对话框，进入 CAM 输出（即 Gerber 文件输出）界面，如图 9-13 所示。

图 9-13　"添加文档"对话框

9.2.2　Gerber 文件输出

系统将所有的 CAM 输出都集中在"添加文档"对话框中，下面简要说明"添加文档"对话框中各选项的含义。

① 文档名称：用于输入 CAM 输出的名称。

② 文档类型：表示 CAM 输出的类型，其下拉列表框中共有 10 个选项，具体如下。

● 自定义：表示用户定义 CAM 输出类型。

- CAM 平面：表示输出平面层的 Gerber 文件。
- 布线/分割平面：表示输出走线的 Gerber 文件。
- 丝印：表示输出丝印层的 Gerber 文件。
- 助焊层：表示输出 SMD 元件的 Gerber 文件。
- 阻焊层：表示输出主焊层的 Gerber 文件。
- 装配：表示输出装配的 Gerber 文件。
- 钻孔图：表示输出钻孔参考图文件。
- 数控钻孔：表示输出钻孔文件。
- 验证照片：表示检查输出的 Gerber 文件。

③ 输出文件：用于输入 CAM 输出的文件名。

④ 制造层：用于选择 CAM 输出用哪一种装配方法。

⑤ 摘要：用户设定的 CAM 输出的简要说明。

⑥ 自定义文档。

- "层"按钮：用于选择 CAM 输出是针对电路板上的哪几层进行的。单击该按钮，弹出如图 9-14 所示的"选择项目"对话框。

图 9-14 "选择项目"对话框

- "选项"按钮：用于对 CAM 输出进行设置。单击该按钮，弹出如图 9-15 所示的"绘图选项"对话框。
- "装配"按钮：表示装配图的设置。

⑦ 输出设备。

- "打印"按钮：表示 CAM 输出是打印图纸。
- "笔绘"按钮：表示 CAM 输出是绘图仪绘制的图纸。

图 9-15 "绘图选项"对话框

- "光绘"按钮：表示 CAM 输出是光绘图。
- "钻孔"按钮：表示 CAM 输出是钻孔设备对电路板的钻孔。

9.3 打印输出

将 Gerber 文件设置完成后，用户可以直接将其用打印机打印出来，在如图 9-13 所示的"添加文档"对话框中的"输出设备"选项区域中单击"打印"按钮，表示用打印机输出设定好的 Gerber 文件。单击"预览选择"按钮，系统则显示打印预览图。单击"设备设置"按钮，则弹出"打印设置"对话框，如图 9-16 所示，用户可以按实际情况完成打印机设置。单击"打印设置"对话框中的"确定"按钮，关闭该对话框，再单击"添加文档"对话框中的"运行"按钮，系统立刻开始打印。

图 9-16 "打印设置"对话框

9.4 绘图输出

绘图输出与打印输出一样，不同的是在"添加文档"对话框中的输出设备框中单击"笔绘"按钮，选择用绘图仪输出设定好的 Gerber 文件。

选择绘图输出后，单击"设备设置"按钮，则弹出"笔绘图机设置"对话框，如图 9-17 所示，从中可以设置绘图仪的型号、绘图颜色和绘图大小等参数。完成绘图仪设置后，单击"确定"按钮，关闭此对话框，再单击"添加文档"对话框中的"运行"按钮，系统立刻开始绘图输出。

图 9-17 "笔绘图机设置"对话框

9.5 操作实例

本例将利用图 9-18 所示的看门狗电路 PCB 图，生成 CAM 报表。输出报表的作用是给用户提供有关电路板的完整信息。通过电路板信息报表可以了解电路板尺寸、电路板上的焊点、过孔的数量及电路板上的元件标号，通过网络状态可以了解电路板中每一条导线的长度。

图 9-18 看门狗电路 PCB 图

1. 打开 PCB 文件

打开 PADS Layout，单击"标准"工具栏中的"打开"按钮，打开需要验证的文件

"Guard Dog_routed. Pcb"，如图9-18所示。

2. 设计验证

1）执行菜单栏中的"工具"→"验证设计"命令，弹出"验证设计"窗口，如图9-19所示。

图9-19 "验证设计"窗口

2）选中"安全间距"单选按钮，单击"开始"按钮，对当前PCB文件进行安全间距检查，弹出如图9-20所示的提示对话框，显示无错误，单击"确定"按钮，退出提示对话框，完成安全间距检查。

3）选中"连接性"单选按钮，单击"开始"按钮，对当前PCB文件进行连接性检查，弹出提示对话框，显示无错误，单击"确定"按钮，退出提示对话框，完成安全性检查。

4）选中"最大过孔数"单选按钮，单击"开始"按钮，对当前PCB文件进行最大过孔数检查，弹出如图9-21所示的提示对话框，显示无错误，单击"确定"按钮，退出提示对话框，完成最大过孔数检查。

图9-20 显示检查结果1

图9-21 显示检查结果2

5）单击"关闭"按钮，关闭"验证设计"窗口。

3. CAM输出

电路图的设计完成后，可以将设计好的文件直接交给电路板生产厂商制板。一般的制板商可以将PCB文件生成的Gerber文件拿去制板。将Gerber文件设置完成后，用户可以直接将其用打印机打印出来。

将PCB中的全部内容设置在"丝印"层中。

1）执行菜单栏中的"文件"→"CAM"命令，打开"定义CAM文档"对话框，如

图 9-22 所示。

图 9-22 "定义 CAM 文档"对话框

2）单击"添加"按钮，弹出"添加文档"对话框，在"文档名称"文本框中输入"Guard Dog"，作为输出文件名称。

3）在"文档类型"下拉列表框中选择"丝印"选项，弹出"层关联性"对话框，在"层"下拉列表框中选择"Top"选项，如图 9-23 所示。

4）单击"确定"按钮，完成设置，在"摘要"列表框中显示 PCB 层信息，如图 9-24 所示。

图 9-23　选择文档类型

图 9-24　显示 PCB 信息

4. 打印输出

1）单击"输出设备"选项区域内的"打印"按钮 🖨，表示用打印机输出设定好的 Gerber 文件。

2）单击"添加文档"对话框中的"预览选择"按钮，系统则全局显示打印预览图，如图 9-25 所示。

图 9-25　预览图

3）单击"CAM 预览"窗口中的"板"按钮，显示电路板上的元器件，如图 9-26 所示。单击"关闭"按钮，关闭此窗口。

图 9-26　显示电路板上的元器件

4）在"添加文档"对话框的"自定义文档"选项区域内单击"层"按钮，弹出"选择项目"对话框，在"已选定"列表框中选择"Top"，并取消勾选"元件类型"复选框，如图 9-27 所示。

5）单击"确定"按钮，关闭该对话框，单击"添加文档"对话框中的"预览选择"按钮，系统则全局显示打印预览图，如图 9-28 所示。

图 9-27　"选择项目"对话框

图 9-28　显示打印预览图

6）单击"添加文档"对话框中的"设备设置"按钮，则弹出"打印设置"对话框，如图 9-29 所示，用户可以按实际情况完成打印机设置。

7）单击"打印设置"对话框中的"确定"按钮，关闭该对话框，单击"添加文档"对话框中的"运行"按钮，系统立刻开始打印。

5. 笔绘输出

1）在"添加文档"对话框中的"输出设备"选项区域内单击"笔绘"按钮，选择用绘图仪输出设定好的 Gerber 文件。

2）选择绘图输出后，单击"添加文档"对话框中的"设备设置"按钮，则弹出"笔绘图机设置"对话框，如图 9-30 所示，从中可以设置绘图仪的型号、绘图颜色、绘图大小等参数。

图 9-29 "打印设置"对话框   图 9-30 "笔绘图机设置"对话框

3）完成绘图仪设置后，单击对话框中的"确定"按钮，关闭对话框，单击"添加文档"对话框中的"运行"按钮，弹出提示确认输出对话框，如图 9-31 所示。单击"是"按钮，系统立刻开始绘图输出。

图 9-31 提示确认输出对话框

4）完成输出后，单击"确定"按钮，返回"定义 CAM 文档"对话框，在"文档名称"列表框中显示文档文件，如图 9-32 所示。在报告文件目录下单击"创建"命令，弹出"CAM 问题"对话框，选择文件路径，如图 9-33 所示。

图 9-32 "定义 CAM 文档"对话框

图 9-33 "CAM 问题"对话框

单击"确定"按钮，关闭"CAM 问题"对话框。

6. 光绘输出

1）在"定义 CAM 文档"对话框中单击"编辑"按钮，打开"编辑文档"对话框，在"输出设备"选项区域内单击"光绘"按钮 ▦，选择用绘图仪输出设定好的 Gerber 文件。

2）单击"添加文档"对话框中的"设备设置"按钮，则弹出"光绘图机设置"对话框，如图 9-34 所示，从中可以选择光绘机的参数。

图 9-34　"光绘图机设置"对话框

3）单击对话框中的"确定"按钮，关闭该对话框，单击"添加文档"对话框中的"运行"按钮，弹出提示确认输出对话框，如图 9-35 所示。单击"是"按钮，系统立刻开始绘图输出。

4）完成输出后，单击"确定"按钮，返回"定义 CAM 文档"对话框，单击"孔径报告"按钮，选择文件路径，即打开如图 9-36 所示的孔径报告。

图 9-35　提示确认输出对话框

图 9-36　孔径报告

第10章 单片机实验板电路设计实例

本章内容是对前面章节没有介绍的 PADS Logic 的应用以及 PCB 设计的一些功能的补充，通过对综合实例完整流程的演示，读者可以在较短时间内快速地理解和掌握 PCB 设计的方法和技巧，提高 PCB 的设计能力。

知识点

- 设计分析
- 装入元器件
- PCB 设计
- 文件输出

10.1 电路板设计流程

作为本书的大实例，在进行具体操作之前，再重点强调一下设计流程，希望读者可以严格遵守，从而达到事半功倍的效果。

10.1.1 电路板设计的一般步骤

1）设计电路原理图，即利用 PADS Logic 的原理图设计系统（Advanced Schematic）绘制一张电路原理图。

2）生成网络表。网络表是电路原理图设计与印制电路板设计之间的一座桥梁。网络表可以从电路原理图中获得，也可以从印制电路板中提取。

3）设计印制电路板。在这个过程中，要借助 PADS Layout 和 PADS Router 提供的强大功能，完成电路板的版面设计和高难度的布线工作。

10.1.2 电路原理图设计的一般步骤

电路原理图是整个电路设计的基础，它决定了后续工作是否能够顺利进展。一般而言，电路原理图的设计包括以下几个部分：

1）设计电路图图纸的大小及其版面合适。

2）在图纸上放置需要设计的元器件。

3）对所放置的元件进行布局布线。

4）对布局布线后的元器件进行调整。

5）保存文档并打印输出。

10.1.3 印制电路板设计的一般步骤

1）规划电路板。在绘制印刷电路板之前，用户要对电路板有一个初步的规划，这是一项极其重要的工作，目的是为了确定电路板设计的框架。

2）设置电路板参数，包括元器件的布置参数、层参数和布线参数等。一般来说，这些参数用其默认值即可，有些参数在设置过一次后，几乎无须再次修改。

3）导入网络表及元器件封装。网络表是电路板自动布线的灵魂，也是电路原理图设计系统与印制电路板设计系统的接口。只有装入网络表后，才可能完成电路板的自动布线。

4）元器件布局。规划好电路板并装入网络表后，用户可以让程序自动装入元器件，并自动将它们布置在电路板边框内。PADS Layout 也支持手工布局，只有合理地布局元器件，才能进行下一步的布线工作。

5）自动布线。PADS Router 采用的是世界上最先进的、无网络、基于形状的对角自动布线技术。只要相关参数设置得当，且具有合理的元器件布局，则自动布线的成功率几乎是 100%。

6）手工调整。自动布线结束后，往往存在令人不满意的地方，这时就需要进行手工调整。

7）保存及输出文件。完成电路板的布线后，需要保存电路线路图文件，然后利用各种图形输出设备，如打印机或绘图仪等，输出电路板的布线图。

10.2 设计分析

单片机实验板是学习单片机必备的工具之一，本节介绍一个实验板电路供读者自行制作，具体如图 10-1 所示。

图 10-1 单片机实验板电路

单片机的功能就是利用程序控制单片机引脚端的高低电压值，并以引脚端的电压值来控制外围设备的工作状态。本例设计的实验板是通过单片机串行端口控制各个外设，用它可以完成包括串口通信、跑马灯实验、单片机音乐播放、LED 显示以及继电器控制等实验。

通过对前面章节的学习，读者基本上可以用 PADS 来完成电路板的设计，也可以直接用 PCB 文件来制作电路板，下面将通过实例详细说明一个电路板的设计过程，包括建立元件库、绘制原理图、绘制 PCB 图以及最后的 PCB 图打印输出等。

10.3 新建工程

1）单击 PADS Logic 图标，打开 PADS Logic 9.5，进入启动界面，如图 10-2 所示。

图 10-2　PADS Logic 9.5 启动界面

2）单击"标准"工具栏中的"新建"按钮，新建一个原理图文件，自动弹出"替换字体"对话框，如图 10-3 所示，单击"确定"按钮，默认替换字体。

3）单击"标准"工具栏中的"原理图编辑工具栏"按钮，打开"原理图编辑工具栏"，如图 10-4 所示，使用该工具栏中的按钮进行原理图设计。

4）执行菜单栏中的"工具"→"选项"命令，弹出"选项"对话框，打开"设计"选项卡，在"图页"选项区域内设置图纸大小。

在"尺寸"下拉列表框中选择"C"选项，在"图页边界线"文本框右侧单击"选择"按钮，弹出"从库中获取绘图项目"对话框，选择"SIZEC"选项，如图 10-5 所示，单击"确定"按钮，关闭对话框。

图 10-3 "替换字体"对话框

图 10-4 原理图编辑工具栏

图 10-5 "从库中获取绘图项目"对话框

在"选项"对话框中显示图纸设置,如图 10-6 所示。

图 10-6　图纸设置

10.4　装入元器件

原理图上的元件从要添加的元器件库中选定并设置，因此要先添加元件库。系统默认已经装入了两个常用库，即常用元件杂项库"Misc. pt9"和自带电气元件库"SCM. Pt9"。如果还需要其余元件库，则需要提前装入。

1）单击"原理图编辑"工具栏中的"增加元件"按钮，弹出"从库中添加元件"对话框，在"筛选条件"选项区域内的"库"下拉列表框中选择"所有库"选项，如图 10-7 所示。

图 10-7　"从库中添加元件"对话框

2）在该对话框中依次选择发光二极管 LED、二极管 DIODE、电阻 Res2、排阻 Res Pack3、晶振 XTAL1、电解电容 Cap – B6、无极性电容 CAP – CC05，以及 PNP 和 NPN 三极管、蜂鸣器 Speaker、继电器 RLY – SPDT 和开关 SW – SPST – NO，如图 10-8 所示。

3）将"从库中添加元件"对话框置为当前，在"筛选条件"选项区域内"库"下拉列表框中选择"SCM. pt9"选项，在"项目"文本框中输入元件关键词，单击"应用"按钮，在"项目"列表框中显示符合条件的元器件。

图 10-8　放置常用元器件

4）选择"Header3"接头、"RCA"接头、"8 针双排接头 Header8＊2"、4 针双排接头 4＊2"、数码管 Dpy Green – CC、三端稳压管 L78S05CV、"串口接头 D connect 9"和单片机芯片 AT89C51，如图 10-9 所示。

图 10-9　放置常用接口元器件

5）框选所有元器件，单击鼠标右键，在弹出的快捷菜单中选择"特性"命令，弹出如图 10-10 所示的"元件特性"对话框，单击"可见性"按钮，弹出"元件文本可见性"对话框，勾选"项目可见性"选项区域内的"元件类型"复选框，如图 10-11 所示。单击"确定"按钮，退出对话框，完成元器件显示设置，结果如图 10-12 所示。

图 10-10 "元件特性"对话框

图 10-11 "元件文本可见性"对话框

图 10-12 设置元器件显示

10.5 原理图编辑

将所需的元件库装入工程后进行原理图的输入，首先要进行元件的布局和元件布线。

10.5.1 元件布局

根据原理图大小，合理地将放置的元件摆好，这样美观大方，也方便后面的布线操作。按要求设置元件的属性，包括元件标号和元件值等。

采用分块的方法完成手工布局操作，具体步骤如下：

1）电源电路模块如图 10-13 所示。

图 10-13　电源电路模块元件布局

拖动调整重叠的元件编号及元件类型，选择元件 C9，单击鼠标右键，在弹出的快捷菜单中单击"特性"命令，弹出"元件特性"对话框，单击"可见性"按钮，弹出"元件文本可见性"对话框，勾选"属性"选项区域内的"Value"复选框，如图 10-14 所示。

单击"属性"按钮，打开"元件属性"对话框，在"Value"文本框输入参数值 470 pF，如图 10-15 所示，单击"确定"按钮，退出对话框，元件属性编辑结果如图 10-16 所示。

图 10-14　"元件文本可见性"对话框

图 10-15　"元件属性"对话框

使用同样的方法设置其余元件属性值，电源模块元件属性设置结果如图 10-17 所示。

2）发光二极管部分的电路如图 10-18 所示。

3）连接发光二极管部分相邻的串口部分，如图 10-19 所示。

图 10-16　元件属性编辑结果

图 10-17　电源模块元件属性设置结果

图 10-18　发光二极管部分的电路

图 10-19　与发光二极管部分相邻的串口部分电路

4）连接与串口和发光二极管都有电气连接关系的红外接口部分，如图 10-20 所示。

5）连接晶振和开关电路，如图 10-21 所示。

6）连接蜂鸣器和数码管部分电路，如图 10-22 所示。

7）连接继电器部分电路，如图 10-23 所示。

8）完成继电器上拉电阻部分电路。然后，把各分部分的电路按照要求组合起来，单片机实验板的原理图就设计好了，效果如图 10-24 所示。

图 10-20　红外接口部分电路　　　　　图 10-21　晶振和开关电路

图 10-22　蜂鸣器和数码管部分电路

图 10-23　继电器部分电路

图 10-24 元件布局结果

注意

在布局过程中，灵活使用移动、旋转90°、X 镜像、Y 镜像等操作的快捷命令，大大节省时间。

10.5.2　元件手工布线

继续采用分块的方法完成手工布线操作，具体步骤如下。

1）单击"原理图编辑"工具栏中的"添加连线"按钮 ，进入连线模式，进行连线操作。

① 连接完成的电源模块电路图如图 10-25 所示。

② 连接发光二极管部分的电路，如图 10-26 所示。

图 10-25　电源模块电路图

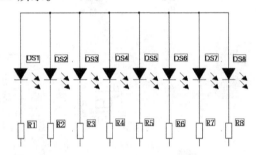

图 10-26　发光二极管部分的电路

③ 连接发光二极管部分相邻的串口部分，如图 10-27 所示。

图 10-27　与发光二极管部分相邻的串口部分电路

④ 连接与串口和发光二极管都有电气连接关系的红外接口部分，如图 10-28 所示。

⑤ 连接晶振和开关电路，如图 10-29 所示。

图 10-28 红外接口部分电路　　　　　图 10-29 晶振和开关电路

⑥ 连接蜂鸣器和数码管部分电路，如图 10-30 所示。

图 10-30 蜂鸣器和数码管部分电路

⑦ 连接继电器部分电路，如图 10-31 所示。

图 10-31　继电器部分电路

⑧ 完成继电器上拉电阻部分电路。然后，把各分部分的电路按照要求组合起来，单片机实验板的原理图布线就完成了，效果如图 10-32 所示。

图 10-32　布线完成效果

2）单击"原理图编辑"工具栏中的"添加连线"按钮，进入连线模式，放置接地和电源符号，结果如图10-33所示。

图10-33　放置接地和电源符号

3）原理图绘制完成后，单击"标准"工具栏中的"保存"按钮，输入原理图名称"SCM Board"，保存绘制好的原理图文件，如图10-34所示。

图10-34　绘制好的原理图

4）执行菜单栏中的"文件"→"退出"命令，退出 PADS Logic。

10.6 报表输出

当完成了原理图的绘制后，这时需要输出当前设计的各类报告，以便对此设计进行统计分析。诸如此类的工作都需要用到报告的输出。

10.6.1 材料清单报表

1）执行菜单栏中的"文件"→"报告"命令，弹出如图 10-35 所示的"报告"窗口，勾选"材料清单"复选框，如图 10-35 所示。

2）单击"设置"按钮，弹出"材料清单设置"对话框，打开"属性"选项卡，显示原理图元器件属性，如图 10-36 所示。

3）单击"确定"按钮，自动生成一个当前原理图的材料清单报表文件，如图 10-37 所示。

图 10-35 "报告"窗口

图 10-36 "材料清单设置"对话框

图 10-37 材料清单报表

10.6.2 打印输出

在打印之前需要先进行打印设置，具体步骤如下。

1）执行菜单栏中的"文件"→"打印预览"命令，弹出"选择预览"窗口，如图 10-38 所示。

图 10-38 "选择预览"窗口

2）单击"图页"按钮，预览显示为整个页面显示，如图 10-39 所示。若再单击"全局显示"按钮，则显示如图 10-38 所示的预览效果。

图 10-39 图页显示

设置、预览完成后，单击"打印"按钮，打印原理图。

此外，执行菜单栏中的"文件"→"打印"命令，或单击"原理图标准"工具栏中的"打印"按钮![icon]，也可以实现打印原理图的功能。

10.7 PCB 设计

原理图绘制完成后，用户可以直接通过 PADS Logic 提供的接口将网络表传送到 PADS Layout 中。这样既方便快捷，又能保证原理图与 PCB 图互传时的正确性。

10.7.1 新建 PCB 文件

在传递网络表和绘制 PCB 板前，先绘制 PCB 板的边框，确定电路板的大小，使元件和布线能合理分布，具体步骤如下。

1）单击 PADS Layout 9.5 按钮![icon]，打开 PADS Layout 9.5。执行菜单栏中的"文件"→"新建"命令，新建一个 PCB 文件。

2）单击"标准"工具栏中的"绘图工具栏"按钮![icon]，打开"绘图"工具栏，单击"绘图"工具栏中的"板框和挖空区域"按钮![icon]，进入绘制边框模式。

3）单击鼠标右键，在弹出的快捷菜单中单击"矩形"命令。

4）在工作区的原点处单击鼠标左键，移动光标，拖出一个边框范围的矩形框，单击鼠标左键，确定电路板的边框，如图 10-40 所示。

图 10-40 电路板边框

5）单击"标准"工具栏中的"保存"按钮![icon]，输入文件名称"SCM Board"，保存 PCB 图。

10.7.2 导入网络表

采用 PADS Layout 和 PADS Logic 中的 OLE 数据传递，保证 PADS Layout 中的 PCB 图和 PADS Logic 中的原理图完全一致。

下面将在 PADS Logic 9.5 中绘制的单片机实验板原理图传到 PADS Layout 9.5 中。

1）单击 PADS Logic 图标![icon]，打开 PADS Logic。单击"标准"工具栏中的"打开"按钮![icon]，在弹出的"文件打开"对话框中选择绘制的原理图文件"SCM Board. sch"。

2）在 PADS Logic 窗口中，单击"标准"工具栏中的"PADS Layout"按钮![icon]，打开"PADS Layout 链接"对话框，如图 10-41 所示。

3）单击"PADS Layout 链接"对话框"设计"选项卡下的"发送网表"按钮，如图 10-42 所示。

4）PADS Logic 将原理图的网络表传到 PADS Layout 中，同时在记事本中显示传递过程中的错误报表，如图 10-43 所示。

图 10-41 "PADS Layout 链接"对话框　　　　图 10-42 "设计"选项卡

图 10-43　显示的错误报表

5）弹出提示对话框，如图 10-44 所示，单击"是"按钮，弹出生成的网表文本文件，如图 10-45 所示。

图 10-44　提示对话框　　　　　　　图 10-45　网表文本文件

6）关闭报表的文本文件，单击 PADS Layout 窗口，可以看到各元件已经显示在 PADS Layout 工作区域的原点上了，如图 10-46 所示。

图 10-46 调入网络表后的元件 PCB 图

10.7.3 电路板环境设置

在开始布局设计以前，很有必要进行一些布局的参数设置，这些参数的设置对于布局设计来说会带来方便，甚至是必不可少的。

1）执行菜单栏中的"设置"→"层定义"命令，弹出"层设置"对话框，如图 10-47 所示。

2）单击"电气层"选项区域内的"修改"按钮，弹出"修改电气层数"对话框，输入层数"4"，如图 10-48 所示。

图 10-47 "层设置"对话框

图 10-48 "修改电气层数"对话框

3）单击"确定"按钮，弹出"重新分配电气层"对话框，设置电气层排列位置，如图 10-49 所示。

4）单击"确定"按钮，关闭对话框，返回"层设置"对话框，显示默认的两个电气层变为了 4 个。选择新添加的电气层 2，在"名称"文本框输入 GND，在"平面类型"选项组内选中"CAM 平面"单选按钮，如图 10-50 所示。单击"分配网络"按钮，弹出"平面层网络"对话框，将 GND 网络添加到右侧的"分配的网络"列表框中，如图 10-51 所示。

图 10-49　"重新分配电气层"对话框　　　　图 10-50　设置 GND 层

图 10-51　"平面层网络"对话框

5）选择新添加的电气层 3，在"名称"文本框输入 VCC，在"平面类型"选项组内选中"分割/混合"单选按钮，如图 10-52 所示。单击"分配网络"按钮，弹出"平面层网络"对话框，将 -5 V 网络添加到右侧的"分配的网络"列表框中，如图 10-53 所示。

6）执行菜单栏中的"设置"→"焊盘栈"命令，弹出"焊盘栈特性"对话框，对 PCB 的焊盘进行参数设置，如图 10-54 所示。

7）执行菜单栏中的"设置"→"钻孔对"命令，弹出"钻孔对设置"对话框，对 PCB 的钻孔层进行参数设置，如图 10-55 所示。

图 10-52 添加 VCC 层

图 10-53 "平面层网络"对话框

图 10-54 焊盘设置

图 10-55 "钻孔对设置"对话框

8）执行菜单栏中的"设置"→"跳线"命令，弹出"跳线"对话框，对 PCB 的跳线进行参数设置，如图 10-56 所示。

9）执行菜单栏中的"设置"→"设计规则"命令，弹出"规则"对话框，对 PCB 的规则进行参数设置，如图 10-57 所示。

10）单击"默认"按钮，弹出如图 10-58 所示的"默认规则"对话框，单击"安全间距"按钮，弹出"安全间距规则：默认规则"对话框，修改"线宽"选项区域内的"最小值""最大值"和"建议值"，如图 10-59 所示。

图 10-56 "跳线"对话框

图 10-57 "规则"对话框

图 10-58 "默认规则"对话框

图 10-59 "安全间距规则：默认规则"对话框

11）执行菜单栏中的"工具"→"选项"命令，弹出"选项"窗口，打开"栅格和捕获"节点，选择"栅格"选项，修改"设计栅格"选项区域内的 X、Y 值为 10，"过孔栅格"选项区域内的 X、Y 值为 5，"扇出栅格"选项区域内的 X、Y 值为 5，即对 PCB 进行参数设置，如图 10-60 所示。

图 10-60 "选项"窗口

12）执行菜单栏中的"工具"→"ECO 选项"命令，弹出"ECO 选项"对话框，对 PCB 的 ECO 进行参数设置，如图 10-61 所示。

图 10-61 "ECO 选项"对话框

除此之外，对于一些比较特殊且非常重要的网络，特别是对于高频设计电路中的一些高频网络，这种设置就显得更有必要，因为将这些特殊的网络分别用不同的颜色显示在当前的设计中，可以在布局设计时就将这些特殊网络的设计要求（如走线要求）考虑进去，不至于在以后的设计中再进行调整。

10.7.4　布局设计

布局步骤大概分为 5 步，具体如下：

- 放置板中的固定元器件。
- 设置板中有条件限制的区域。
- 放置重要的元器件。
- 放置比较复杂或面积比较大的元器件。
- 根据原理图将剩下的元器件分别放到上述已经放好的元器件周围，最后做整体调整。

1）执行菜单栏中的"工具"→"分散元器件"命令，自动将叠加在原点的元器件分散在板框四周，如图 10-62 所示。

图 10-62　分散元器件

2）执行菜单栏中的"工具"→"簇布局"命令，则弹出如图 10-63 所示的"簇布局"对话框。

3）单击对话框中的"放置簇"按钮，激活"设置"按钮与"运行"按钮，单击

"设置"按钮，弹出"簇放置设置"对话框，如图10-64所示，参数保持默认设置，单击"确定"按钮，关闭对话框。

图10-63 "簇布局"对话框   图10-64 "簇放置设置"对话框

4）单击"运行"按钮，元器件开始自动布局，结果如图10-65所示。

图10-65 自动布局结果

10.7.5 电路板显示

1）执行菜单栏中的"查看"→"3D视图"→"动态视图"命令，弹出如图10-66所示的动态视图窗口。在视图中利用鼠标旋转和移动电路板，也可利用窗口中的菜单命令和工具栏命令完成，这里不再赘述。

2）执行菜单栏中的"查看"→"网络"命令，弹出"查看网络"窗口，选择网络"GND"，设置颜色为红色，如图10-67所示。使用同样的方法，设置网络"−5 V"的颜色为黄色，如图10-68所示。

3）单击"确定"按钮，关闭对话框，完成网络颜色的设置，在电路板中显示对应网络颜色，效果如图10-69所示。

图 10-66　动态视图窗口

图 10-67　设置 GND 颜色

图 10-68　设置 -5 V 颜色

图 10-69　设置网络颜色后的效果

4）在"标准"工具栏的"层"下拉列表框中选择混合层"VCC"，单击"标准"工具栏中的"绘图工具栏"按钮，打开"绘图"工具栏，在"绘图"工具栏中单击"平面区域"按钮，在电路板边框内绘制适当大小的闭合图框，如图 10-70 所示。

图 10-70　绘制平面图形

5）单击鼠标右键，在弹出的快捷菜单中单击"完成"命令，弹出"添加绘图"窗口，如图 10-71 所示。单击"应用"按钮，完成平面区域网络分配。

344

图 10-71 "添加绘图"窗口

10.7.6 布线设计

1）在 PADS Layout 中，单击"标准"工具栏中的"布线"按钮，打开"PADS Router"布线界面，进行电路板布线设计，如图 10-72 所示。

图 10-72 进入布线界面

2）单击"标准"工具栏中的"布线"按钮，弹出"布线"工具栏，单击"布线"工具栏中的"启动自动布线"按钮，进行自动布线，完成布线的调试器 PCB 图如图 10-73 所示。

图 10-73　完成布线的调试器 PCB 图

10.7.7　覆铜设置

经过覆铜处理后制作的印制板会显得十分美观，同时，过大电流的地方也可以采用覆铜的方法来加大过电流的能力。覆铜通常的安全间距应该在一般导线安全间距的两倍以上。覆铜设置步骤如下：

1）在 PADS Router 中，单击"标准"工具栏中的"Layout"按钮，打开"PADS Layout"界面，进行电路板覆铜设计。

2）在"添加绘图"窗口的"层"下拉列表框中选择"Top"选项，单击"标准"工具栏中的"绘图工具栏"按钮，打开"绘图"工具栏，单击"绘图"工具栏中的"覆铜"按钮，进入覆铜模式。

3）单击鼠标右键，从弹出的快捷菜单中单击"矩形"命令，沿板框边线绘制出覆铜的区域。

4）单击鼠标右键，在弹出的快捷菜单中单击"完成"命令，然后弹出"添加绘图"窗口，如图 10-74 所示，单击"确定"按钮，关闭窗口，

图 10-74　"添加绘图"窗口

在绘制的灌铜区域内分配网络。

5）单击"绘图"工具栏中的"灌注"按钮 ，此时系统进入了灌铜模式。在设计中单击所需灌铜的区域外框，弹出询问对话框，如图10-75所示。

6）单击"是"按钮，确认继续灌铜，然后系统开始对此区域进行灌铜，结果如图10-76所示。

图10-75　询问对话框

图10-76　顶层覆铜结果

在"标准"工具栏的"层"下拉列表框中选择底层"BOTTOM"，然后在键盘中输入快捷键"po"，设置覆铜区域显示样式，单击覆铜区域，直接进行底层覆铜，结果如图10-77所示。

图10-77　底层覆铜结果

10.7.8 设计验证

执行菜单栏中的"工具"→"验证设计"命令，弹出"验证设计"窗口，如图 10-78
所示。

图 10-78 "验证设计"窗口

1）勾选"安全间距"复选框，单击"开始"按钮，对当前 PCB 文件进行安全间距检
查，弹出如图 10-79 所示的提示对话框，显示无错误，单击"确定"按钮，关闭提示对话
框，完成安全间距检查。

2）勾选"最大过孔数"复选框，单击"开始"按钮，对当前 PCB 文件进行连接性检
查，弹出如图 10-80 所示的提示对话框，显示无错误，单击"确定"按钮，关闭提示对话
框，完成最大过孔数检查。

图 10-79 显示检查结果 1   图 10-80 显示检查结果 2

10.8 文件输出

电路图的设计完成之后，可以将设计好的文件直接交给电路板生产厂商制板。一般的制
板商可以将 PCB 文件生成 Gerber 文件并制板。文件输出步骤如下：

1）执行菜单栏中的"文件"→"CAM"命令，打开"定义 CAM 文档"对话框，如
图 10-81 所示。

2）在"CAM 目录"下拉列表框中选择"创建"选项，在弹出的"CAM 问题"对话框
中选择输出文件路径即可，如图 10-82 所示。

图 10-81　"定义 CAM 文档"对话框

图 10-82　设置路径

10.8.1　布线/分割平面顶层

1）单击"定义 CAM 文档"对话框中的"添加"按钮，弹出"添加文档"对话框，在"文档名称"文本框中输入"SCM Board"，作为输出文件名称。

2）在"文档类型"下拉列表框中选择"布线/分割平面"选项，弹出"层关联性"对话框，在"层"下拉列表框中选择"Top"选项，如图 10-83 所示。

3）单击"确定"按钮，完成设置，在"摘要"列表框中显示 PCB 信息，如图 10-84 所示。

图 10-83　选择文档类型

图 10-84　显示 PCB 信息

4）单击"输出设备"选项区域内的"打印"按钮 ，表示用打印机输出设定好的 Ger-
ber 文件。

5）单击"添加文档"对话框中的"层"按钮，弹出"选择项目"对话框，显示添加的
"Top 层"显示信息，如图 10-85 所示。

图 10-85　设置需要显示的对象

若在"添加文档"对话框中单击"预览选择"按钮，系统则全局显示打印预览图，如
图 10-86 所示。

图 10-86　全局显示预览图

6）单击"添加文档"对话框中的"设备设置"按钮，则弹出"打印设置"对话框，如图 10-87 所示，用户可以按实际情况完成打印机设置。

7）单击"打印设置"对话框中的"确定"按钮，关闭该对话框，再单击"添加文档"对话框中的"运行"按钮，系统立刻开始打印。

8）绘图输出与打印输出一样，不同的是在"添加文档"对话框的"输出设备"选项区域内单击"笔绘"按钮，选择用绘图仪输出设定好的 Gerber 文件。

9）选择绘图输出后，单击"添加文档"对话框中的"设备设置"按钮，则弹出"笔绘图机设置"对话框，如图 10-88 所示，从中可以设置绘图仪的型号、绘图颜色和绘图大小等参数。

图 10-87 "打印设置"对话框

图 10-88 "笔绘图机设置"对话框

10）完成绘图仪设置后，单击对话框中的"确定"按钮将其关闭，单击"添加文档"话框中的"运行"按钮，弹出提示确认输出对话框，如图 10-89 所示。单击"是"按钮，系统立刻开始绘图输出。

11）完成输出后，单击"确定"按钮，打开的文本格式文件如图 10-90 所示。

图 10-89 提示确认输出对话框

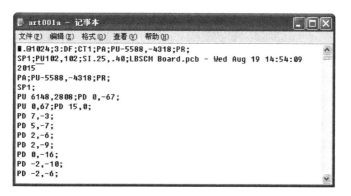

图 10-90 输出文本格式文件

12）关闭"添加文档"对话框，返回"定义 CAM 文档"对话框，进入"定义 CAM 文档"对话框后，如图 10-91 所示。

图 10-91 返回"定义 CAM 文档"对话框

10.8.2 布线/分割平面底层

1）单击"添加"按钮，弹出"添加文档"对话框，在"文档名称"文本框中输入"SCM Board1"，作为输出文件名称。

2）在"文档类型"下拉列表框中选择"布线/分割平面"选项，弹出"层关联性"对话框，在"层"下拉列表框中选择"Bottom"选项，如图 10-92 所示。

3）单击"确定"按钮，完成设置，在"摘要"列表框中显示 PCB 信息，如图 10-93 所示。

图 10-92 选择文档类型

图 10-93 显示 PCB 信息

4）单击"添加文档"对话框中的"层"按钮，弹出"选择项目"对话框，显示添加的"Top 层"显示信息，如图 10-94 所示。

图 10-94　设置需要显示的对象

5）单击"添加文档"对话框中的"预览选择"按钮，系统则全局显示打印预览图，如图 10-95 所示。

图 10-95　全局显示打印预览图

6）单击"运行"按钮，弹出提示确认输出对话框，如图 10-96 所示。单击"是"按钮，系统立刻开始绘图输出。

7）在"添加文档"对话框中单击"确定"按钮，返回"定义 CAM 文档"对话框。

图 10-96　提示确认输出对话框

10.8.3 丝印层输出

1）单击"添加"按钮，弹出"添加文档"对话框，在"文档名称"文本框中输入"SCM Board2"，作为输出文件名称。

2）在"文档类型"下拉列表框中选择"丝印"选项，弹出"层关联性"对话框，在"层"下拉列表框中选择"Top"选项，如图 10-97 所示。

3）单击"确定"按钮，完成设置，在"摘要"列表框中显示 PCB 信息，如图 10-98 所示。

图 10-97 选择文档类型　　　　　　　　图 10-98 显示 PCB 信息

4）单击"添加文档"对话框中的"预览选择"按钮，系统则全局显示打印预览图，如图 10-99 所示。

图 10-99 全局显示打印预览图

5）单击"添加文档"对话框中的"层"按钮，弹出"选择项目"对话框，显示添加的"Top 层"显示信息，如图 10-100 所示。

图 10-100　设置顶层显示对象

在"已选定"列表框中选择丝印顶层"Silkscreen Top"，设置显示对象，如图 10-101 所示。

图 10-101　设置需要显示的对象

6）单击"预览"按钮，弹出如图 10-102 所示的"CAM 预览"窗口，显示清晰的预览对象。单击"关闭"按钮，关闭该窗口，返回"选择项目"对话框，单击"确定"按钮，关闭对话框。

图 10-102 "CAM 预览"窗口

7）返回"添加文档"对话框，单击"运行"按钮，
弹出提示确认输出对话框，如图 10-103 单击"是"按
钮，系统立刻开始绘图输出。

8）完成输出后，单击"确定"按钮，返回"定义
CAM 文档"对话框，在"文档名称"列表框中显示文档
文件，如图 10-104 所示。

图 10-103 提示确认输出对话框

图 10-104 显示文档文件

10.8.4 CAM 平面输出

1）单击"添加"按钮，弹出"添加文档"对话框，在"文档名称"文本框中输入
"SCM Board3"，作为输出文件名称。

2）在"文档类型"下拉列表框中选择"CAM 平面"选项，弹出"层关联性"对话框，
在"层"下拉列表框中选择"GND"选项，如图 10-105 所示。

356

3）单击"确定"按钮，完成设置，在"摘要"列表框中显示 PCB 信息，如图 10-106 所示。

图 10-105　选择文档类型

图 10-106　显示 PCB 信息

4）单击"输出设备"选项区域内的"打印"按钮，表示用打印机输出设定好的 Gerber 文件。

5）单击"添加文档"对话框中的"预览选择"按钮，系统则全局显示打印预览图，如图 10-107 所示。

图 10-107　全局显示打印预览图

6）在"输出设备"选项区域内单击"光绘"按钮，再单击"运行"按钮，弹出提示确认输出对话框，如图 10-108 所示。单击"是"按钮，系统立刻开始绘图输出。

图 10-108　提示确认输出对话框

7）完成输出后，单击"确定"按钮，返回"定义 CAM 文档"对话框，在"文档名称"列表框中显示文档文件，如图 10-109 所示。

图 10-109　输出文档并显示文档文件

10.8.5　助焊层输出

1）单击"添加"按钮，弹出"添加文档"对话框，在"文档名称"文本框中输入"SCM Board4"，作为输出文件名称。

2）在"文档类型"下拉列表框中选择"阻焊层"选项，弹出"层关联性"对话框，在"层"下拉列表框中选择"Top"选项，如图 10-110 所示。

3）单击"确定"按钮，完成设置，在"摘要"列表框中显示 PCB 信息，如图 10-111 所示。

图 10-110　选择文档类型

图 10-111　显示 PCB 信息

4）单击"输出设备"选项区域内的"打印"按钮 ，表示用打印机输出设定好的
Gerber 文件。

5）单击"添加文档"对话框中的"预览选择"按钮，系统则全局显示打印预览图，如
图 10-112 所示。

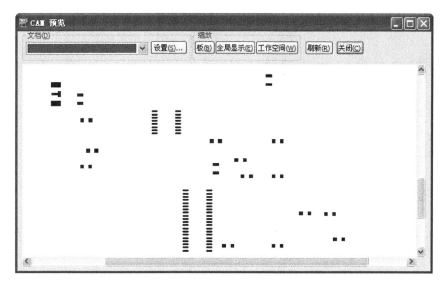

图 10-112　全局显示打印预览图

6）单击"运行"按钮，弹出提示确认输出对话框，如
图 10-113 所示。单击"是"按钮，系统立刻开始绘图输出。

7）完成输出后，单击"确定"按钮，返回"定义 CAM
文档"对话框，在"文档名称"列表框中显示文档文件，如
图 10-114 所示。

单击"关闭"按钮，关闭"定义 CAM 文档"对话框，
完成输出设置。

图 10-113　提示确认输出对话框

图 10-114　输出文档并显示文本文件

359

附　录

附录 A　键盘与鼠标的使用技巧

PADS Logic 除了使用菜单、工具栏及鼠标右键快捷命令等方法外，还有一些可以使用鼠标和键盘来执行的快捷方法，下面一一介绍给读者。

1）利用鼠标进行选择或高亮设计对象：

- 单击取消已经被选择的目标。
- 利用右键打开当前可选择的操作。
- 在设计空白处单击鼠标左键即可取消已选择的目标。

2）添加方式选择：按住〈Ctrl〉键的同时单击鼠标左键选择另外的对象，并可进行重复选择。

3）不选择项目：将鼠标光标放在被选择的目标上，按住〈Ctrl〉键的同时再单击鼠标左键，被选择目标将变为不被选择状态。

4）有关鼠标的其他有效选择方式：

- 选择管脚对（Pin Pairs）=〈Shift + 选择连线〉。
- 选择整个网络（Nets）=〈单击 + F6〉。
- 选择一个网络上的所有管脚（Pine）=〈Shift + 选择管脚(Pin)〉。
- 选择多边形（Polygon）的所有边 =〈Shift + 选择多边形一条边〉。
- 在多个之间选择 = 选择第一个后按〈Shift〉键。

但是对于某些操作来讲，鼠标可能就不如键盘那么方便，如在移动元件或走线时希望按照设计栅格为移动单位进行移动，利用键盘每按一下就移动一个设计栅格，所以定位非常准确，而鼠标则不然。当然，进行远距离移动或无精度坐标移动，键盘就不能与鼠标相比。

下面将键盘上有关数字小键盘的一些相关操作介绍如下。

- 数字键 7：用于显示当前设计全部。
- 数字键 8：向上移动一个设计栅格。
- 数字键 9：以当前鼠标位置为中心进行放大设计。
- 数字键 4：保持当前设计的画面比例，将设计向左移动一个设计栅格。
- 数字键 6：向右移动一个设计栅格。
- 数字键 1：刷新设计画面。
- 数字键 2：保持当前设计的画面比例，将设计向下移动一个设计栅格。
- 数字键 3：以当前鼠标位置为中心缩小当前设计。
- 数字键 0：以当前鼠标的位置为中心保持比例，重显设计画面。
- 〈Delete〉键：删除被选择的目标。

- 〈Esc〉键：取消当前的操作。
- 〈Tab〉键：对被激活的目标或激活范围内的目标进行选择。
- 键盘上的其他键与数字小键盘上的同名键功能相同。〈Page Up〉键等同于数字小键盘中的〈PgUp〉键；〈Page Down〉键等同于数字小键盘中的〈PgDn〉键；〈Home〉键等同于数字小键盘中的〈Home〉键；〈End〉键等同于数字小键盘中的〈End〉键；〈Insert〉键等同于数字小键盘中的〈Ins〉键；〈Delete〉键等同于数字小键盘中的〈Del〉键。

附录 B 常用逻辑符号对照表

名　称	国标符号	曾用符号	国外常用符号	名　称	国标符号	曾用符号	国外常用符号
与门	&			发光二极管			
或门	≥1	+		基本 RS 触发器	S R	S Q R Q̄	S Q R Q̄
非门	1			同步 RS 触发器	1S C1 1R	S Q CP R Q̄	S Q CK R Q̄
与非门	&			正边沿 D 触发器	S 1D C1 R	D Q CP Q̄	D S_D Q CK R_D Q̄
或非门	≥1	+		负边沿 JK 触发器	S 1J C1 1K R	J Q CP K Q̄	J S_D Q CK K R_D Q̄
异或门	=1	⊕		全加器	Σ CI CO	FA	FA
同或门	=1	⊙		半加器	Σ CO	HA	HA
集电极开路与非门	& ◇			传输门	TG	TG	
三态门	1 ▽ EN			极性电容或电解电容			
施密特与门	& ⎍	⎍	⎍	电源			
电阻				双向二极管			
滑动电阻				变压器			
二极管							

参 考 文 献

［1］耿立明．PADS 9.5 电路设计与仿真从入门到精通［M］．北京：人民邮电出版社，2015.

［2］林超文．PADS 9.5 实战攻略与高速 PCB 设计［M］．北京：电子工业出版社，2014.

［3］杨亭．PADS 软件基础与应用实例［M］．北京：电子工业出版社，2015.

［4］曼特罗斯．电磁兼容的印制电路板设计［M］．北京：机械工业出版社，2008.

［5］唐赣．PADS 原理图与 PCB 设计［M］．北京：电子工业出版社，2015.

［6］周瑞景．PADS Logic/Layout 原理图与电路板设计［M］．北京：机械工业出版社，2014.

［7］李瑞．Altium Designer 14 电路设计与仿真从入门到精通［M］．北京：人民邮电出版社，2014.

［8］兰吉昌．PADS 电路设计完全学习手册［M］．北京：化学工业出版社，2011.

［9］闫聪聪．Altium Designer 电路设计从入门到精通［M］．北京：机械工业出版社，2015.

［10］赵月飞．Altium Designer 13 电路设计标准教程［M］．北京：科学出版社，2014.